21 世纪高职高专规划课程教材

丛书主编　张林国

Visual Basic 程序设计及案例教程

张清战　主编

科学出版社

北　京

内 容 简 介

《Visual Basic 程序设计及案例教程》为计算机公共课教材,全书以 Visual Basic 程序设计二级考试大纲要求为编写原则,以任务驱动的方式通过 9 个项目学习程序设计方法,集教材、实验和习题于一体。全书从实用角度出发,在每个项目中都设计了一个主题,并围绕其组织安排了若干个活动示例,每个活动由"典型项目"栏目交代任务,由"设计思路"栏目剖析任务解答方法,由"设计步骤"栏目给出关键的程序代码,由"必备知识"栏目讲解涉及的编程知识点,最后由"项目实战"栏目给出相关的实验以巩固知识点。

本书对程序设计基本步骤、基本知识和语法、编程方法和常用算法进行了较为系统详细的介绍,除介绍了可视化界面设计的方法外,内容还涉及数据库、多媒体方面的编程。实例丰富有趣,阅读轻松容易。本书主要针对计算机语言的初学者,适用于中高等职业教育非计算机专业学生。

图书在版编目(CIP)数据

Visual Basic 程序设计及案例教程/张清战主编. —北京:科学出版社,2010.3
21 世纪高职高专规划课程教材
ISBN 978-7-03-026874-7

Ⅰ.①V… Ⅱ.①张… Ⅲ.①BASIC 语言—程序设计—高等学校:技术学校—教材 Ⅳ.①TP312

中国版本图书馆 CIP 数据核字(2010)第 033960 号

责任编辑:张颖兵 程 欣/责任校对:梅 莹
责任印制:彭 超/封面设计:苏 波

科学出版社 出版
北京东黄城根北街 16 号
邮政编码:100717
http://www.sciencep.com

武汉市新华印刷有限责任公司印刷
科学出版社发行 各地新华书店经销

*

2010 年 3 月第 一 版 开本:787×1092 1/16
2010 年 3 月第一次印刷 印张:14 1/4
印数:1—4 000 字数:322 000

定价:25.00 元
(如有印装质量问题,我社负责调换)

前　言

21 世纪是信息时代、计算机时代和网络时代，是科学技术高速发展的时代。高等职业院校的计算机教学改革正处在一个发展的关键时期，既面临着极好的机遇，也面临着严峻的挑战。

近年来，随着计算机技术的发展，为了更好地适应计算机应用技术专业需求，为配合"Visual Basic 程序设计"课程教学，本着以项目导向、任务驱动的教学模式，我们特组织一批教师编写了《Visual Basic 程序设计及案例教程》。本课程能够帮助学生建立程序设计的思想，理解日常使用的软件是怎样形成的，以及软件的开发过程和设计思路。使学生在掌握本专业知识的基础上，初步具备应用一种高级语言进行程序设计的能力，是一门实践性、应用性较强的课程。本课程的主要内容是初探 Microsoft Visual Basic、面向对象的概念、Visual Basic 编程的基石、程序控制结构与过程等。

本教材具有明确的指导思想，即项目导向、任务驱动。在策划和编写时，注重动手实践，以"实用、够用"为理论原则，老师在讲授过程中可以不完全照搬教材内容，而是根据教学的实际情况，并结合当前的学术发展水平及时补充新的教学内容进行讲解，让学生在掌握系统基础知识的同时，了解学科发展动态，拓宽学生知识面。在教学过程中，可根据不同专业需求及学生的实际情况，对教学内容做出适当的调整；同时，可加强实践教学教材建设，全面突出了项目教学。

全书共 9 个项目，课程讲授时，并不要求每个项目都要详细讲解，也不要求严格按照本教程的顺序组织教学，可以根据具体情况有选择地安排教学内容和教学顺序，而且每个项目的部分内容可以留给学生自学，以培养其自学能力。

本书由张清战主编，何峡峰、张宝华任副主编。其中第 1 章和第 2 章由何峡峰编写，第 3 章和第 4 章由李晓光编写，第 5 章由朱星荧编写，第 6 章由张清战编写，第 7 章由张宝华、刘天兰编写，第 8 章由李盛编写，第 9 章由张孝楠编写。最后由主编、副主编统稿和定稿。丛书主编张林国教授指导了整本书的编写过程，认真审定全书，丛书编委会主任童加斌教授提出了许多建设性意见，在此表示衷心的感谢！

由于计算机学科知识和技术更新很快，新技术不断涌现，加之我们水平有限，本书定会存在一些不足，敬请读者和专家批评指正。

编　者
2009 年 12 月

目　录

第①章
初探 Microsoft Visual Basic

1.1 典型项目:"Hello World!"你的第一个应用程序

下面我们来看第一个设计的应用程序。

(1) 程序运行后的界面,如图 1-1 所示。

(2) 单击"显示"按钮后的界面,如图 1-2 所示。

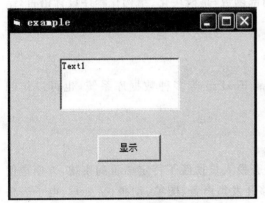

图 1-1 第一个应用程序执行界面

图 1-2 第一个应用程序执行界面

1.2 必备知识

1.2.1 Visual Basic 的功能与特点

1. 易学易用的集成开发环境

Visual Basic 6.0(以下简称 VB 6.0)为用户设计界面、编写代码、调试程序、编译程序、制作应用程序安装盘等提供了良好的集成开发环境。

2. 可视化上设计平台

采用传统的程序设计语言编程时,一般需要通过编写程序来设计应用程序的界面(如界面的外观、位置等），在设计过程中看不见界面的实际效果。而在 VB 6.0 中，采用面向对象程序设计方法（OOP），把程序和数据封装起来作为一个对象，每个对象都是可视的。程序员在界面设计的时候可以直接用 VB 6.0 的工具箱在屏幕上"画"出窗口、菜单、命令按键等不同类型的对象，并为每个对象设置属性。程序员仅要对要完成事件过程的对象进行编写代码，因而程序设计的效率可大大提高。

3. 事件驱动的编程机制

面向过程的程序是由一个主程序和若干个子程序及函数组成的，程序运行时总是先从主程序开始，由主程序调用子程序和函数，程序员在编程时必须事先确定整个程序的执行顺序。而 VB 6.0 事件驱动的编程是针对用户触发某个对象的相关事件进行编码，从而达到处理、运算的目的。每个事件都可以驱动一段程序的运行，程序员只要编写响应用户动作的代码，各个动作之间不一定有联系。这样的应用程序代码短，比较容易编写与维护。

4. 结构化的程序设计语言

VB 6.0 具有丰富的数据类型、众多的内部函数，是模块化、结构化程序设计语言，结构清晰、简单，容易学习。

5. 强大的数据库功能

VB 6.0 利用数据控件可以访问 Access、FoxPro 等多种数据库系统，也可以访问 Excel、Lotus1_2_3 等多种电子表格。

6. Active 技术

Active 发展了原来有的 OLE 技术，它使开发人员摆脱了特定语言的束缚，方便地使用其他应用程序提供的功能，使 VB 6.0 能够开发集声音、图象、动画、字处理、电子表格及 Web 等对象一体的应用程序。

7. 网络功能

VB 6.0 提供的 DHTML 设计工具可以使设计者动态地创建和编辑 Web 页面，使用户能开发出多功能的网络应用软件。

1.2.2 Visual Basic 的编程环境与工程管理

工作环境常常是指集成开发环境或 IDE，这是因为它在一个公共环境里集成了许多不同的功能，例如：设计、编辑、编译和调试。在大多传统开发工具中，每个功能都是以一个独立的程序运行，并都有自己的界面。

1. 启动 Visual Basic IDE

要从 Windows 启动 Visual Basic（以下简称 VB），可按照以下步骤执行。

（1）单击任务栏上的"开始"按钮以打开"开始"菜单。

（2）选择"程序"，接着选定"Microsoft Visual Basic 6.0 中文版"。

（3）单击"Microsoft Visual Basic 6.0 中文版"图标。当第一次启动 VB 时，可以见到集成开发环境的界面，如图 1-3 所示。

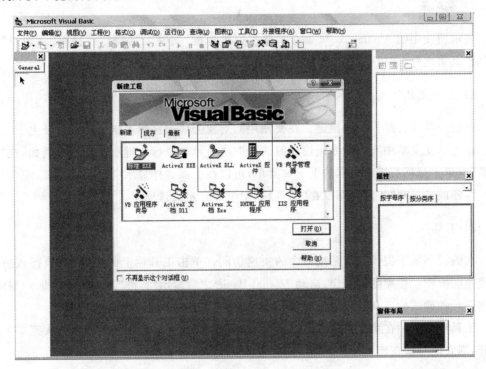

图 1-3　第一次启动 Visual Basic 的界面

（4）单击"打开"按钮，出现如图 1-4 所示界面。

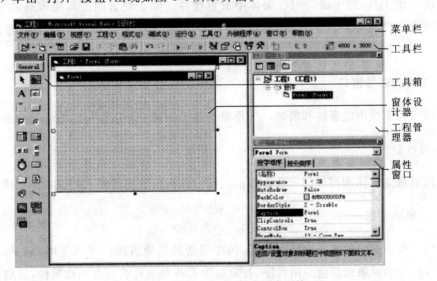

图 1-4　Visual Basic 集成开发环境

2．Visual Basic 集成开发环境（IDE）的组成

VB 集成开发环境由以下元素组成。

1）菜单条

显示所使用的 Visual Basic 命令。除了提供标准"文件"、"编辑"、"视图"、"窗口"和"帮助"菜单之外，还提供编程专用的功能菜单，例如"工程"、"格式"或"调试"。

2）上下文菜单

包括经常执行操作的快捷键。在要使用的对象上单击鼠标右键钮即可打开上下文菜单。在上下文菜单中有效的专用快捷键清单取决于单击鼠标右键所在环境。例如，在"工具箱"上单击鼠标右键时显示的上下文菜单，可以在上面选择显示"部件"对话框，隐含"工具箱"，停放或挂断"工具箱"，或在"工具箱"中添加自定义选项卡。

3）工具栏

在编程环境下提供对于常用命令的快速访问。单击工具栏上的按钮，则执行该按钮所代表的操作。按照缺省规定，启动 Visual Basic 之后显示"标准"工具栏。附加的编辑、窗体设计和调试的工具栏可以从"视图"菜单上的"工具栏"命令中移进或移出。

工具栏能紧贴在菜单条之下，或以垂直条状紧贴在左边框上。如果将它从菜单下面拖开，则它能"悬"在窗口中。

4）工具箱

提供一组工具，用于设计时在窗体中放置控件。除了缺省的工具箱布局之外，还可以通过从上下文菜单中选定"添加选项卡"并在结果选项卡中添加控件来创建自定义布局。

5）工程管理器窗口

列出当前工程中的窗体和模块。工程是指用于创建一个应用程序的文件的集合。

6）属性窗口

列出对选定窗体和控件的属性设置值。属性是指对象的特征，如大小、标题或颜色。

7）对象浏览器

列出工程中有效的对象，并提供在编码中漫游的快速方法。可以使用"对象浏览器"浏览在 VB 中的对象和其他应用程序，查看对于那些对象有效的方法和属性，并将代码过程粘贴进自己的应用程序。

8）窗体设计器

作为自定义窗口用来设计应用程序的界面。在窗体中添加控件、图形和图片来创建所希望的外观。应用程序中每一个窗体都有自己的窗体设计器窗口。

9）代码编辑器窗口

是输入应用程序代码的编辑器。应用程序的每个窗体或代码模块都有一个单独的代码编辑器窗口。

10）环境选项

VB 具有很大的灵活性，可以通过配置工作环境满足个人风格的最佳需要。可以在单个或多文档界面中间进行选择，并能调节各种集成开发环境（IDE）元素的尺寸和位置。所选择的布局将保留在 VB 的会话期之间。

11）SDI 或 MDI 界面

Visual Basic IDE 有两种不同的类型：单文档界面（SDI）和多文档界面（MDI）。对 SDI 选项，所有 IDE 窗口可在屏幕上任何地方自由移动。只要 VB 是当前应用程序，它们将位于其他应用程序之上；对 MDI 选项，所有 IDE 窗口包含在一个大小可调的父窗口内。

要在 SDI 和 MDI 模式间切换，可按以下步骤执行：

（1）从"工具"菜单中选定"选项"，显示"选项"对话框；

（2）选定"高级"选项卡；

（3）选择或不选择"SDI 开发环境"复选框。下次起动 VB 时，IDE 将以选定模式的模式启动。

12）停放窗口

集成开发环境中的许多窗口能相互连接，或停放在屏幕边缘。它包括工具箱、窗体布局窗口、工程管理器、属性窗口、调色板、立即窗口、本地窗口和监视窗口。

对 MDI，窗口可停放在父窗口的任意侧；而对于 SDI，窗口只能停放在菜单条下面。对给定窗口的"可连接的"功能，可以通过在"选项"对话框的"可连接的"选项卡上选定合适的复选框来打开或关闭，"选项"对话框可以从"工具"菜单上的"选项"命令选取。

要停放或移动窗口，可按以下步骤执行：

（1）选定要停放或移动的窗口；

（2）按住鼠标左键拖动窗口到希望到达的位置，拖动时会显示窗口轮廓；

（3）释放鼠标按钮。

1.2.3　Visual Basic 程序设计基本步骤

一般来说,创建 VB 应用程序有 4 个主要步骤:
(1) 创建应用程序界面;
(2) 设置窗体和控件的属性;
(3) 编写代码;
(4) 运行应用程序。

1.2.4　Visual Basic 的对象、属性、方法

VB 的窗体和控件是具有自己的属性、方法和事件的对象。可以把属性视为一个对象的性质,把方法视为对象的动作,把事件视为对象的响应。日常生活中的对象,如小孩玩的气球同样具有属性、方法和事件。气球的属性包括可以看到的一些性质,如它的直径和颜色。其他一些属性描述气球的状态(充气的或未充气的)或不可见的性质,如它的寿命。通过定义,所有气球都具有这些属性,这些属性也会因气球的不同而不同;气球还具有本身所固有的方法和动作,如充气方法(用氢气充满气球的动作),放气方法(排出气球中的气体)和上升方法(放手让气球飞走),所有的气球都具备这些能力;气球还有预定义的对某些外部事件的响应。例如,氢气球对刺破它的事件响应是放气,对放手事件的响应是升空。

1. 对象

对象是我们感兴趣的或要加以研究的事物,是数据与操作相结合的统一体。对象的基本思想是用系统的观点把要研究的事物看成一个整体,整个世界是由各种不同的对象所构成的。

对象是面向对象的程序设计的基本概念,也是其核心。在面向对象的程序设计中,对象必须由用户自已来设计,而在 VB 中,对象却是现成的,这是 VB 的重要特征之一。

VB 中的对象主要分为窗体和控件两类。窗体是用户工作区。所有控件都在窗体中得到了集成,从而构成应用程序的界面;控件是指"空的对象"或基本对象,是应用程序的图形用户界面的一个组件,对其属性可以进行不同的设置,从而构成不同的对象。

VB 中的每个对象都是由类定义的。工具箱中提供了各种控件,控件代表类。直到在窗体上画出这些被称为控件的对象为止,它们实际上并不存在。创建控件也就是在复制控件类,或建立控件类的实例。这个类实例就是应用程序中引用的对象。

使用鼠标在某个控件上双击,即可将该控件复制到窗体中,通过对其属性的不同设置,可建立不同的应用程序。

VB 的工具箱如图 1-5 所示。双击工具箱中的文本框控件,即可将该控件复制到窗体的正中央。然后,鼠标指向窗体中的该控件,按下鼠标左键并移动鼠标,将该控件拖动到另一位置。用同样的方法可将标签和命令按钮控件复制到窗体中,如图 1-6所示。

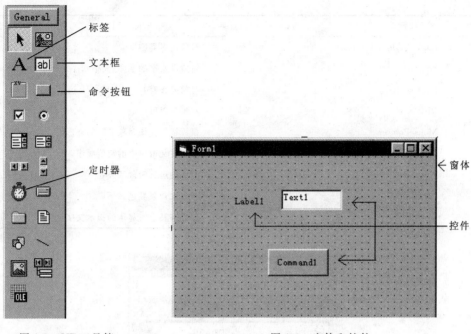

图 1-5　VB 工具箱　　　　　　　　　　　图 1-6　窗体和控件

2. 属性

属性是指对象所具有的性质,不同的对象具有不同的属性。正因为如此,各种对象才会有区别。

"笔"可以视为一个"空的对象"或"基本对象",也就是说它不含有任何具体的属性,只含有所有笔所具有的共性。因此,它相当于一个"类",也可称为一个控件。当将笔赋予不同的属性时,可形成不同的对象。如果将笔赋予"用墨水才能写字"的属性时,则形成了不同的对象。如果再增加一项属性"使用者是张三",则形成了"张三的钢笔"这一对象。

也就是说,不同的对象会含有不同的属性,我们把各个对象的所有属性的集合称为"属性表"。

VB 工具箱中的每个控件都有一个各不相同的属性表。通过对属性表中各项属性的不同设置,可以建立各种对象。

各种控件共同的属性见表 1-1。一个控件的所有属性构成一个属性表,如图 1-7 所示是一个命令按钮的属性窗口,通过对其中各项属性值的不同设置形成不同的命令按钮。

表 1-1　控件常用的共同属性

属性名	说　明
Name	对象变量的名称
Caption	对象的标题
Left, Top	对象左上角的坐标
Width, Height	对象的宽度和高度

续表

属性名	说　明
BorderStyle	对象边界类型
Font	对象内文字的字体、大小和样式
Enabled	对象是否有效
Visible	对象是否可见
MousePointer	鼠标指针在该对象上时的外形
TabIndex	对象在父窗体中的定位顺序
Appearance	对象在运行阶段的外观
BackColor	对象的背景颜色
ToolTipText	鼠标在其上时显示的提示文字

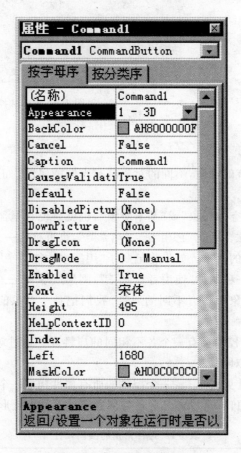

图 1-7　命令按钮的属性表

3. 事件

事件是指发生在对象上的一件事情。例如,用脚踢球,就是发生在对象球上的一件事情。某些事情只能发生在某些对象上,而不能发生在其他一些对象上。例如,可以用脚踢球,而不能用脚踢太阳,也不能用脚踢月亮。

Windows 应用程序属于"事件驱动程序",就是说,只有在事件发生时,程序才会执行。在事件没有发生时,程序处于停滞状态,或称为睡眠状态。这是与 DOS 应用程序的重要区别之一。

事件可分为系统事件和用户事件两种。系统事件由计算机系统自动产生,例如定时信号;用户事件是由用户产生的,例如键盘输入和鼠标的单击、双击、拖动等。用鼠标单击或双击是 Windows 应用程序的常见事件。

不同的对象可能发生在其上的事件是不同的。例如时钟对象只能发生 Timer 一个事件。VB 控件的常用事件见表 1-2。

表 1-2　控件的常用事件

事件名	说　明
Click	单击鼠标事件
DblClick	双击鼠标事件
Load	加载窗体事件
Unload	卸载窗体事件
Resize	控件大小改变事件
Change	控件内容改变事件
KeyDown	键盘按键按下事件
KeyUp	键盘按键松开事件
KeyPress	按下可显示字符键事件
MouseDown	鼠标键按下事件
MouseUp	鼠标键松开事件
MouseMove	鼠标移动事件

4. 方法

方法是指对象本身所具有的、反映该对象功能的内部函数或过程(这不是事件过程)。

方法的内容是不可见的。我们只知道某个对象具有哪些方法、能完成哪些功能以及如何使用该对象的方法;但是我们并不知道该对象是如何实现这一功能的。当我们用方法来控制某个对象时,就是调用、执行该对象内部的某个函数或过程。

而事件过程则不同,它是可见的。我们知道某个对象的事件过程的功能和使用方法,也知道该事件过程是如何实现的,并且用户也可以改变这一事件过程。

方法是与对象相关的,所以在调用时一定要指明对象。对象方法的调用格式如下:

　　[对象.]方法[参数名表]

其中省略对象时表示在当前对象。

例如,在窗体 Form1 中使用 Print 方法显示字符串"学生管理系统"的语句如下:

```
Form1.Print "学生管理系统"
```

1.2.5 Visual Basic 的常用控件

现在大家的审美要求越来越高了,比如对所居住的房子和自己穿的衣服都进行了时尚的修饰。同样大家在使用电脑时也会注意界面是否美观、使用是否简便易用。

界面设计是程序设计中的一个很重要的工作,程序是否简便易用,与界面的质量有着很大关系。VB 共提供了 20 个标准控件用于设计界面,每个控件都有一组自己的属性、方法和事件。下面介绍控件的基本属性和使用得较多的 4 个控件:命令按钮、标签、文本框和定时器,如图 1-5 所示。

1. 控件的基本属性

1) Name 属性

Name(名称)属性是所创建对象的名称。VB 在创建控件时自动提供一个缺省名称,如 Form1、Command1 等,在属性窗口的"名称"栏可设置 Name 属性。

2) Height,Width,Top,Left 属性

Height,Width 属性决定控件的宽度和高度。

Top,Left 属性决定控件在窗体中的位置。其中 Top 属性确定控件距窗体顶部的距离,Left 属性确定控件距窗体左边的距离。

3) Font 属性

设置控件所显示文字的字体、字型和字号,单击 Font 属性右侧带有省略号的按钮,可打开一个字体设置对话框。

4) BackColor,ForeColor 属性

BackColor 属性用来设置控件的背景颜色,ForeColor 属性用来设置控件的前景颜色,即控件中文字的显示颜色。

5) BorderStyle 属性

该属性用来设置控件的边框风格。

2. 4 个常用控件的重要属性

1) 命令按钮

Caption 属性:用于设置命令按钮上显示的文字,如"确定"、"取消"等。

2) 标签

标签控件(Label)通常用来在窗体中显示一些提示信息和注释。标签控件只能显示静态文本,其中的文字内容只能用属性值设置和修改,不能直接在窗体上编辑。

• Caption 属性：设置标签控件中显示的文本。

• Alignment 属性：即对齐属性，缺省值为 Left Justify(0)，Caption 中的文本左对齐；设置为 Right Justify(1)时，文本右对齐；设置为 Center(2)时，文本居中。

• AutoSize 属性：缺省值为 False，当输入到 Caption 属性的文本超过控件宽度时，超出部分将被裁剪掉；设置为 True 时，控件可水平扩充以适应 Caption 属性内容。

3）文本框

文本框(TextBox)控件的作用是建立一个文本编辑区域，可在该区域输入、编辑及显示一些信息。

• Text 属性：程序执行时，将通过键盘将文本框内输入的信息存放在 Text 属性中，初始设置一般为空白，以使文本框不显示任何信息。

• MaxLength 属性：文本框能够输入的文本内容的最大长度。

• MultLine 属性：MultiLine 属性设置为 True，文本框可以输入或显示多行文本，同时具有自动换行功能。

• ScrollBars 属性：为文本框加滚动条，必须在 MultLine 属性设置为 True 时，该属性值才有效。

（1）0—None：无滚动条

（2）1—Horizontal：加水平滚动条

（3）2—Vertical：加垂直滚动条

（4）3—Both：同时加水平和垂直滚动条

当加入了水平滚动条后，文本框内的自动换行功能自动消失，只有按 Enter 键才能换行。

4）定时器

定时器控件(Timer)用于以一定的时间间隔有规律地触发定时器事件。在程序运行期间，定时器控件并不显示在屏幕上。

• Enabled 属性：当 Enable 设置为 True 时，定时器开始工作；为 False 时，定时器停止工作。

• Interval 属性：表示两个定时器事件之间的时间间隔，单位为 ms，取值范围为0~65 535。

1.3 设计与实现

下面来学习如何实现我们的第一个应用程序。

1. 创建工程

创建工程首先从"文件"菜单中选择"新建工程"，然后从"新建工程"对话框中选定"标准 EXE"(首次启动 VB 时会显示"新建工程"对话框)。VB 会创建一个新的工程并显示一个新的窗体。

窗体是创建应用程序的基础。在 VB 中,通过使用窗体可将窗口和对话框添加到应用程序中。也可把窗体作为项的容器,这些项是应用程序界面中不可视的部分。例如,应用程序中可能有一个作为图形容器的窗体,而这些图形是打算在其他窗体中显示的。

创建 VB 应用程序的第一步是创建窗体,这些窗体将是应用程序界面的基础。然后在创建的窗体上绘制构成界面的对象。对于下面要创建的第一个应用程序,可用工具箱中的两个控件,即文本框控件和命令按钮控件。

下面的步骤用于绘制控件:

(1) 单击要绘制的控件的工具;

(2) 将鼠标指针移到窗体上,该指针变成十字线;

(3) 将十字线放在控件的左上角所在处;

(4) 拖动十字线画出适合控件大小的方框;

(5) 释放鼠标按钮,控件出现在窗体上。

在窗体上添加控件的另一种简单方法是双击工具箱中的控件按钮,这样会在窗体中央创建一个大小为默认值的控件,然后再将该控件移到窗体中的其他位置。

例如,创建的第一个应用程序的窗体 Form1 的设计界面如图 1-8 所示。

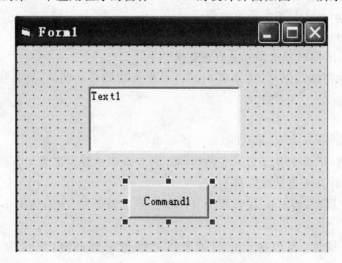

图 1-8　Form1 窗体的设计界面

2. 调整大小、移动和锁定控件

在绘制控件时,出现在控件四周的小矩形框称为尺寸句柄。下一步可用这些尺寸句柄调节控件尺寸,也可用鼠标、键盘和菜单命令移动控件、锁定和解锁控件位置以及调节控件位置。

调节控件尺寸的步骤如下:

(1) 单击要调整尺寸的控件,选定的控件上会出现尺寸句柄;

（2）将鼠标指针定位到尺寸柄上，拖动该尺寸柄直到控件达到所希望的大小为止，角上的尺寸柄可以同时调整控件水平和垂直方向的大小，而边上的尺寸柄调整控件一个方向的大小；

（3）释放鼠标按钮，或用 Shift 键加上箭头键调整选定控件的尺寸。

我们还可以把窗体上的控件拖动到一个新位置，或用"属性"窗口改变 Top 和 Left 属性。选定控件后，可用 Ctrl 键加箭头键每次移动控件一个网格单元。如果该网格关闭，控件每次移动一个像素。

从"格式"菜单选取"锁定控件"项，或在"窗体编辑器"工具栏上单击"锁定控件切换"按钮，可以锁定所有控件的位置。这个操作将把窗体上所有的控件锁定在当前位置，以防止已处于理想位置的控件因不小心而移动。本操作只锁住选定窗体上的全部控件，不影响其他窗体上的控件。这是一个切换命令，因此也可用来解锁控件位置。

如果要调节锁定控件的位置，按住 Ctrl 键，再用合适的箭头键可"微调"控件的位置，或在"属性"窗口中改变控件的 Top 和 Left 属性。

3. 设置属性

创建一个应用程序的下一步是给创建的对象设置属性。属性窗口给出了设置所有的窗体对象属性的简便方法。在"视图"菜单中选择"属性窗口"命令，单击工具栏上的"属性窗口"按钮或使用控件的上下文菜单，都可以打开属性窗口，属性窗口如图 1-7 所示。

属性窗口包含以下元素。

• 对象框：显示可设置属性的名字，点击对象框右边的箭头，显示当前窗体的对象列表。

• 排序：从按字母顺序排列的属性列表中进行选取，或从按分类（诸如与外观、字体或位置有关的）的层次结构视图中进行选取。

• 属性列表：左列显示所选对象的全部属性，右列可以编辑和查看设置值。

执行以下步骤可以在"属性窗口"中设置属性。

（1）从"视图"菜单中选取"属性"项，或在工具栏中单击"属性"按钮。"属性"窗口显示所选窗体或控件的属性设置值。

（2）从属性列表中选定属性名。

（3）在右列中输入或选定新的属性设置值。

列举的属性有预定义的设置值清单。单击设置框右边的向下箭头，可以显示这个清单，或者双击列表项，可以循环显示这个清单。

例如，设置上面建立的 Form1 窗体以及控件的属性如表 1-1 所示。

表 1-1 窗体以及控件属性

对象	属性	设置
窗体 Form1	Caption	example
文本框 Text1	Text	Text1（默认值）
命令按钮 Command1	Caption	显示

这时，窗体 Form1 的设计界面如图 1-9 所示。

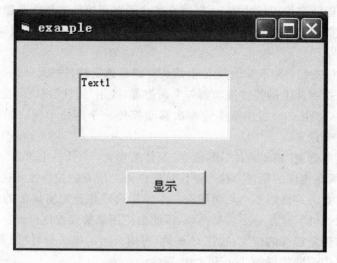

图 1-9　设置属性后窗体 Form1 的设计界面

4. 编写代码

代码编辑器窗口是编写应用程序的 VB 代码的地方。代码是由语句、常量和声明部分组成的。使用代码编辑器窗口,可以快速查看和编辑应用程序代码的任何部分。

双击要编写代码的窗体或控件,或从"工程资源管理器"窗口选定窗体或模块的名字,然后选取"查看代码"按钮,可以打开代码窗口。

在同一个代码窗口中可以显示全部过程,也可只显示一个过程。要在同一个代码窗口中显示全部过程,首先在"工具"菜单下选定"选项"对话框,然后在"选项"对话框的"编辑器"选项卡中选取"默认为全模式查看"左边的复选框。在"过程分隔符"左边的复选框,可在各过程间添加或去掉分隔线。另外,也可以在代码编辑器窗口的左下角单击"全模块查看"按钮。

要在代码窗口每次只显示一个过程,可以在"工具"菜单下选定"选项"对话框,然后在"选项"对话框的"编辑器"选项卡中,清除"默认为全模式查看"左边的复选框。另外,也可以在代码编辑器窗口的左下角单击"过程查看"按钮。

在代码窗口中包含以下元素:

• 对象列表框:显示所选对象的名称,单击列表框右边的箭头,显示和该窗体有关的所有对象的清单。

• 过程列表框:列出对象的过程或事件,显示选定过程的名字,选取该框右边的箭头可以显示这个对象的全部事件。

VB 应用程序的代码被分成称为过程的小代码块,事件过程包含了事件发生(例如单击按钮)时要执行的代码。控件的事件过程由控件的实际名字(Name 属性中所指定的)、下划线(_)和事件名组合而成。例如,在单击一个名字为 Command1 的命令按钮时调用的事件过程为 Command1_Click。

例如,上面的窗体 Form1 中 Command1 控件的事件过程窗口如图 1-10 所示。

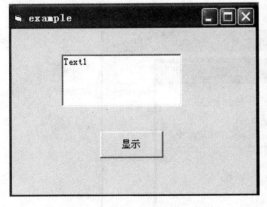

图 1-10 事件过程窗口

5. 运行应用程序

为了运行应用程序,可以从"运行"菜单中选择"启动"项,单击工具栏中的"启动"按钮,或按 F5 键。

在启动上面建立的窗体后,初始执行界面如图 1-11 所示,单击"显示"命令按钮,文本框中就会显示"Hello World!",如图 1-12 所示。

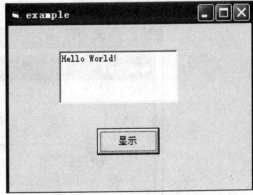

图 1-11 应用程序执行界面 1   图 1-12 应用程序执行界面 2

6. 保存工程

最后,我们从"文件"菜单中选取"保存工程"命令来结束本次创建应用程序的工作。VB 将分别提示保存窗体和保存工程。

1.4 项目实战：求两个数的积

1. 设计思路

首先输入两个数字，然后使用计算公式得出乘积，最后显示出这个乘积数。

2. 实现方法

（1）创建窗体，添加控件，如图 1-13 所示。

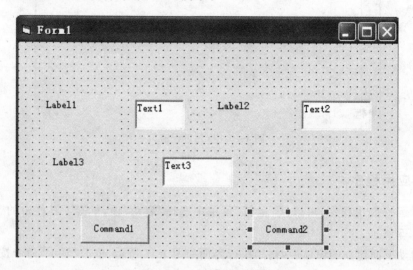

图 1-13　窗体布局

（2）设置属性，如图 1-14 所示。

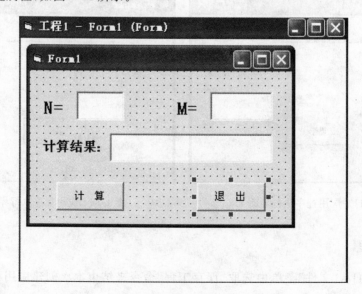

图 1-14　设置属性后窗体的设计界面

（3）编写程序代码，如图 1-15 所示。

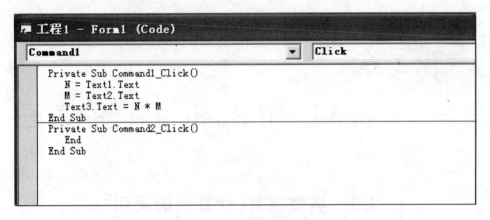

图 1-15　程序代码

（4）运行程序，界面如图 1-16、图 1-17 所示。

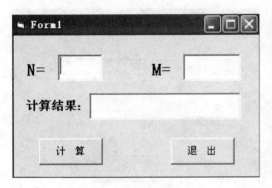

图 1-16　等待输入数据

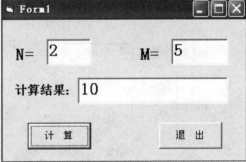

图 1-17　计算结果

（5）保存工程。

小　结

本章介绍了 Visual Basic 的功能与特点、编程环境与工程管理、程序设计的基本步骤以及对象、属性、方法的概念和常用控件的使用，并通过一个简单程序设计使我们对 Visual Basic 有了一个初步了解，为后续课程打下一个基础。

第②章
Visual Basic 编程的基石

2.1 典型项目:计算圆的面积

下面显示的是运行程序的界面,如图 2-1、图 2-2 所示。

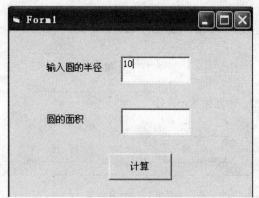
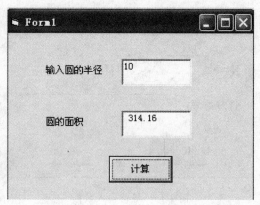

图 2-1 输入圆半径的运行界面　　　　图 2-2 计算圆面积的显示界面

2.2 必 备 知 识

2.2.1 Visual Basic 的编码规则

　　在 VB 中创建应用程序很重要,但往往被人忽视的部分是设计阶段。需要为应用程序设计一个用户界面,这是显然的;但需要设计代码的结构就不那么显然了。构造应用程序的方法不同,可造成应用程序的性能及代码的可维护性、可使用性也不同。

　　VB 应用程序的代码是用分层方式组织的。典型应用程序包括若干模块:应用程序中每个窗体的窗体模块、共享代码的可选标准模块以及可选的类模块。每个模块包含若干含有代码的过程:event 过程、Sub 子过程、Function 过程以及 Property 过程。判定什么过程属于什么模块,这与创建的应用程序的类型有一定关系。因为 VB 是基于对象的,所以利用应用程序代表的对象来考虑应用程序将是有益的。

1. 代码编写机制

在着手编写代码之前,了解 VB 编写代码的机制是很重要的。和任何编程语言一样,VB 有自身的组织、编辑和格式化代码规则。

1) 代码模块

VB 的代码存储在模块中。模块有三种类型:窗体、标准和类。简单的应用程序可以只有一个窗体,应用程序的所有代码都驻留在窗体模块中;而当应用程序庞大复杂时,就要另加窗体,最终可能会发现在几个窗体中都有要执行的公共代码。因为不希望在两个窗体中重复代码,所以要创建一个独立模块,它包含实现公共代码的过程。独立模块应为标准模块。此后可以建立一个包含共享过程的模块库,每个标准模块、类模块和窗体模块都可包含声明和过程。

2) 窗体模块

窗体模块(文件扩展名为 FRM)是大多数 Visual Basic 应用程序的基础。窗体模块可以包含处理事件的过程、通用过程以及变量、常数、类型和外部过程的窗体级声明。如果要在文本编辑器中观察窗体模块,则还会看到窗体及其控件的描述,包括它们的属性设置值。写入窗体模块的代码是该窗体所属的具体应用程序专用的,它也可以引用该应用程序内的其他窗体或对象。

3) 标准模块

标准模块(文件扩展名为 BAS)是应用程序内其他模块访问的过程和声明的容器。它们可以包含变量、常数、类型、外部过程和全局过程的全局(在整个应用程序范围内有效的)声明或模块级声明。写入标准模块的代码不必绑在特定的应用程序上;如果能够注意不用名称引用窗体和控件,则在许多不同的应用程序中可以重用标准模块。

4) 类模块

在 VB 中类模块(文件扩展名为 CLS)是面向对象编程的基础。可在类模块中编写代码建立新对象。这些新对象可以包含自定义的属性和方法。实际上,窗体正是这样一种类模块,在其上可安放控件,可显示窗体窗口。

2. 使用"代码编辑器"

VB"代码编辑器"是一个窗口,大多数代码都在此窗口上编写。它像一个高度专门化的字处理软件,有许多便于编写 VB 代码的功能。"代码编辑器"窗口如图 2-3 所示。

因为要操作模块中的 VB 代码,所以要为每一个从"工程资源管理器"中选择的模块打开一个独立的"代码编辑器"窗口。在每个模块中,对于模块中所包含的每个对象,将模块中的代码再细分出与对象对应的独立部分。用"对象列表框"实现各部分间的切换。在窗体模块中,该列表包含一个通用段,一个属于窗体自身的段以及窗体所包含的每一控件

对象列表框   过程列表框

视图选择按钮

图 2-3 "代码编辑器"窗口

的段。对于类模块,列表包括一个通用段和一个类段;对于标准模块,只有一个通用段被显示。

　　每一段代码都可包含几个用"过程列表框"访问的不同过程。对窗体或控件的每一个事件过程,窗体模块的过程列表都包含一个独立的段。例如,Label 控件的过程列表就包含 Change 事件段、Click 事件段和 DblClick 事件段等。类模块只列举类本身的事件过程——初始化和终止。标准模块不列举任何事件过程,因为标准模块不支持事件。

　　模块通用段的过程列表只包含唯一段——声明段,其中放置模块级的变量、常数和DLL 声明。当在模块中添加子过程或函数过程时,那些过程被添加到声明段下方的"过程列表框"中。

　　代码的两种不同视图都可用于"代码编辑器"窗口。可以一次只查看一个过程,也可以查看模块中的所有过程,这些过程彼此之间用线隔开,如图 2-3 所示。为了在两个视图之间进行切换,利用编辑器窗口左下角的"视图选择"按钮。

3. 自动完成编码

　　Visual Basic 能自动填充语句、属性和参数,这些性能使编写代码更加方便。在输入代码时,编辑器列举适当的选择、语句或函数原型或值。通过"工具"菜单上的"选项"命令访问"选项"对话框,在"选项"对话框的"编辑器"选项卡上可用这样的选项,由它们决定是允许还是禁止各代码的设置值。

在代码中输入一控件名时,"自动列出成员特性"会亮出这个控件的下拉式属性表,如图 2-4 所示。键入属性名的前几个字母,就会从表中选中该名字,按 Tab 键将完成这次输入。当不能确认给定的控件有什么样的属性时,这个选项是非常有帮助的。即使选择了禁止"自动列出成员特性",仍可使用 Ctrl+J 组合键得到这种性能。

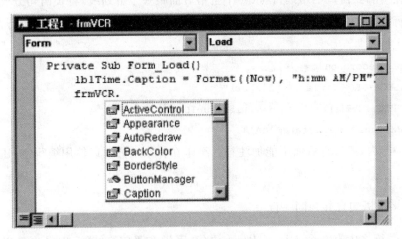

图 2-4 自动列出成员特性

"自动快速信息"功能显示语句和函数的语法,如图 2-5 所示。当输入合法的 Visual Basic 语句或函数名之后,语法立即显示在当前行的下面,并用黑体字显示它的第一个参数。在输入第一个参数值之后,第二个参数又出现了,同样也是黑体字。"自动快速信息"也可以用 Ctrl+I 组合键得到。

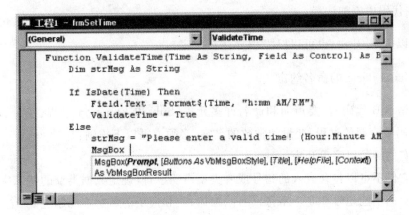

图 2-5 自动快速信息

4. 书签

在代码编辑器中书签可用来标记代码的某些行,以便以后可以很容易地返回这些行。书签开关的切换以及定位到已有书签的命令可以在编辑、书签菜单项或编辑工具栏中得到。

5. 编码基础

1）将单行语句分成多行

可以在"代码"窗口中用续行符（一个空格后面跟一个下划线）将长语句分成多行。由于使用续行符，无论在计算机上还是打印出来的代码都变得易读。下面用续行符（_）将代码分成若干行：

```
Data1.RecordSource= _
"SELECT*FROM Titles,Publishers" _
&"WHERE Publishers.PubId=Titles.PubID" _
&"AND Publishers.State='CA'"
```

在同一行内，续行符后面不能加注释。至于在什么地方可以使用续行符，还是有某些限制的。

2）将多个语句合并到同一行上

通常，一行之中有一个 Visual Basic 语句，而没有语句终结符，但是也可以将两个或多个语句放在同一行，只是要用冒号（:）将它们分开。

```
Text1.Text="Hello":Red=255:Text1.BackColor=
Red
```

但是，为了便于阅读代码，最好还是一行放一个语句。

3）在代码中添加注释

注释以 Rem 开头，也可以以""引导注释内容。

4）Visual Basic 的命名约定

在编写 VB 代码时，要声明和命名许多元素（Sub 和 Function 过程、变量、常数等）。在 VB 代码中声明的过程、变量和常数的名字，必须遵循以下规则：

（1）它们必须以字母开头；

（2）它们不可以包含嵌入的句号或者类型声明字符（规定数据类型的特殊字符）；

（3）它们不能超过 255 个字符，控件、窗体、类和模块的名字不能超过 40 个字符；

（4）它们不能和受到限制的关键字同名。

窗体和控件可以和受到限制的关键字同名。例如，可以将某个控件命名为 Loop；但在代码中不能用通常的方法引用该控件，因为 VB 会认为 Loop 意味着关键字。例如，下面的代码就会出错。

```
Loop.Visible=True              '出错
```

为了引用那些和受到限制的关键字同名的窗体或控件，就必须限定它们，或者将其用方括号[]括起来。例如，下面的代码就不会出错。

```
MyForm.Loop.Visible=True            '用窗体名
'将其限定
[Loop].Visible=True                 '方括号
'起了作用
```

在引用窗体和控件时都可以用这种方式使用方括号,但在声明变量或定义过程期间,当变量名或过程名与受到限制的关键字相同时,这种方式是不能使用的。方括号还可以用来强制 Visual Basic 接受其他类型库提供的名称,这些名称与受到限制的关键字冲突。

2.2.2 Visual Basic 中的常量、变量与数据类型

与一般程序设计语言一样,VB 中使用常量和变量来存储各种类型的数据。变量用名字来表示其中存储的数据,用数据类型表示其中存储的数据的具体类型。还可以使用一种特殊的变量数组来表示一系列相关的变量。

常量用名字来表示某个数值,将无意义的单纯数字用有含义的符号来表示,方便用户使用。在 VB 中提供了很多内部常量,而且还允许用户自己建立常量。

数据类型用来限制不同的数据存储时占据的空间的大小。

1. 常量

在 VB 中,用常量表示在整个程序中事先设置的、不会改变数值的数据。一般对于程序中使用的常数,能够用常量表示的尽量使用常量表示。这样可以用有意义的符号表示数据,增强程序的可读性。

1) 字符串常量

字符串常量就是用双引号括起来的一串字符。这些字符可以是除双引号“""”、回车及换行符以外的所有字符。如果一个字符串仅有双引号(即双引号中无任何字符,也不含空格),则称该字符串为空串。例如:

```
c1="A":c2=c1+"1":c3=""
```

2) 数值常量

数值常量共有 5 种表示方式:整数、长整数、定点数、浮点数和字节数。

(1) **整数** 十进制整数只能包含数字 0~9、正负号,十进制整型数的范围为 $-32\,768\sim +32\,767$,例如 $-5,12\,345,0$;十六进制数由数字 0~9、A~F 或 a~f 组成,并以 &H 引导,其后面的数据位数小于等于 4 位,其范围为 &H0 到 &HFFFF;八进制数由数字 0~7 组成,并以 &O 或 & 引导,其后面的数据位数小于等于 6 位,其范围 &O~&O177777。

(2) **长整数** 其数字的组成与整数相同。十进制长整数的范围为 $-2\,147\,483\,648\sim +2\,147\,483\,647$;十六进制长整数以 &H 开头,以 & 结尾,其范围为 &H0&~&FFFFFFF&;八进制数长整数以 &O 或 & 开头,以 & 结尾,其范围为 &O0&~&O37777777777&。

(3) **定点数** 定点数是带有小数点的正数或负数。定点数表示数的范围比较小。例如:$3.141\,593,123.45,-100.05,0.0$。定点数可以是单精度也可以是双精度。

（4）**浮点数**　浮点数分为单精度浮点数和双精度浮点数。指数符号 E 或 D 的含义为乘以 10 的幂次。

例如，$1.23E+10$，$-1.23D+10$，$0.5E-24$，$-0.52E8$。

（5）**字节数**　字节数是从 0～255 的无符号数，所以不能表示负数。例如：96，100，0。

3）布尔常量

布尔常量只有 True（真）和 False（假）两个值。

4）日期常量

用两个"♯"符号把表示日期和时间的值括起来表示日期常量。例如：♯12/18/2000♯

5）符号常量

符号常量又分为两种：系统内部定义常量和用户定义常量。符号常量与变量一样，也有局部、模块级和全局的作用范围，只是常量的值是固定不变的。

（1）**系统内部定义常量**　内部或系统定义的常量是 VB 和控件提供的。这些常量可与应用程序的对象、方法和属性一起使用，在代码中可以直接使用它们。可以在"对象浏览器"中查看内部常量。选择"视图"菜单中的"对象浏览器"，则打开"对象浏览器"窗口。在下拉列表框中选择 VB 或 VBA 对象库，然后在"类"列表框中选择常量组，右侧的成员列表中即显示预定义的常量，窗口底端的文本区域中将显示该常量的功能。程序员在为属性或方法变量输入数据时，应该检查一下是否有系统已经定义好的常量可供使用，使用系统常量可使代码具备自我解释功能，易于阅读和维护。

（2）**用户定义常量**　尽管 VB 内部定义了大量的常量，但是有时用户需要创建自己的符号常量。用户定义常量使用 Const 语句来给常量分配名字、值和类型。声明常量的语法为

```
[Public|Private]  Const  <常量名>[As<数据类型>]=<表达式>  ...
```
其中，<常量名>的命名规则与建立变量名的规则一样，<表达式>由数值常量、字符串等常量及运算符组成，可以包含前面定义过的常量，但不能使用函数调用。例如，以下都是正确的用户定义常量：

```
Const PI=3.14159265358979
Public Const CMax As Integer=9
Const IDate=#11/30/2000#
```

2. 变量

在 VB 中进行计算时，常常需要临时存储数据。可以使用变量存储临时数据。对于每个变量，必须有一个唯一的变量名字和相应的数据类型。

1）声明变量

在 VB 中使用一个变量时，可以不加任何声明而直接使用，叫做隐式声明。使用这种

方法虽然简单,但却容易在发生错误时令系统产生误解。所以一般对于变量最好先声明,然后再使用。声明一个变量,主要目的就是通知程序以后在程序中可以使用这个变量了。所谓显式声明,是指每个变量必须事先做声明,才能够正常使用,否则会出现错误警告。设置显式声明变量有两种方法。

(1) 在各种模块的声明部分中添加如下语句:

```
Option Explicit
```

(2) 在"工具"菜单项中选择"选项",在出现的对话框中选择"编辑器"选项卡,再将其中的"要求变量声明"选项前的复选标记选中即可。只是此种方法只能在以后生成的新模块中自动添加 Option Explicit 语句,对于已经存在的模块不能做修改,需要用户自己手工添加。

变量可被声明为在不同范围内使用,有如下几种变量。

(1) **普通局部变量**　这种变量只能在声明它的过程中使用,即不能在一个过程中访问另一个过程中的普通局部变量。而且变量在过程真正执行时才分配空间,过程执行完毕后即释放空间,变量的值也就不复存在了。声明此类变量的格式如下:

```
Dim 变量名[As 数据类型名]
```

(2) **静态局部变量**　这种变量也只能在声明它的过程中使用,属于局部变量。其与普通局部变量的差别在于:静态局部变量在整个程序运行期间均有效,并且过程执行结束后,只要程序还没有结束,该变量的值就仍然存在,该变量占有的空间不被释放。声明此类变量的格式如下:

```
Static 变量名[As 数据类型名]
```

(3) **模块变量**　这种变量必须在某个模块的声明部分进行预先声明,可以适用于该模块内的所有过程,但对其他模块内的过程不能适用。一般在声明此类变量时,使用如下格式:

```
Private 变量名[As 数据类型名]
```

(4) **全局变量**　这种变量也必须在某个模块的声明部分进行预先声明,可以适用于该模块及其他模块内的所有过程,也即在整个程序内有效。一般在声明此类变量时,使用如下格式:

```
Public 变量名[As 数据类型名]
```

在使用时,前两类局部变量使用的机会比较多,尤其是使用局部变量具有一大好处,即可以在多个过程中使用同一个变量名字。因为局部变量只在此过程中使用,所以与其他过程中的变量重名不会出现混淆的情况。

在使用后两类模块中的变量时,如果出现重名的情况,可以在使用时用模块名加变量名的方法来区分重名的不同变量。例如,在一个模块 Module1 中声明了一个模块变量 x,而在另一个模块 Module2 中也声明了一个模块变量 x。则使用 Module1 中的变量 x 时,可以用 Module1.x 的格式来引用;而使用 Module2 中的变量 x 时,可以用 Module2.x 的格式来引用。

2) 变量赋值

在声明一个变量后,要先给变量赋上一个合适的值才能够使用。给变量赋值的格式如下：

　　变量名=表达式

可以使用一个表达式的数值来给某个变量赋值。一个普通的常量、变量均属于简单的表达式。

例如，给一个变量 X，可以使用如下几种表达式进行赋值：

　　X=5

　　X=Y

　　X=X+1

其中的 Y 是一个已经赋过数值的变量。以上三个赋值语句都是合理的，均将右边表达式计算后的数值赋给变量 X。

3）引用变量

在需要使用变量中的值时，必须引用变量的名字来取出其中存放的数值。使用时，直接在需要用数值的位置上写上变量的名字，系统会自动从变量中取出相应的数值进行计算。

例如，将变量 Y 的值赋给变量 X，就必须引用变量 Y，将其中的数值取出赋给 X，也即将变量 Y 的值存放在变量 X 的内存空间中。使用代码如下：

　　X=Y

3. 数据类型

在前面讨论变量时，我们已经了解到每个变量必须有一种相应的数据类型，可以通知系统给它分配多大的内存空间。做变量说明时，就必须指明这种变量的数据类型。如果不指明，即默认状态下系统会认为该变量是 Variant 类型的变量。这种类型很特殊，可以在不同的位置表示不同的类型。而且不需要用户去进行特别的类型转换，在不同的位置上系统会进行与之适应的类型转换。

一般情况下，对于固定类型的变量，都要指明其数据类型。在 VB 中，允许使用的有如下几种数据类型。

（1）**数值数据类型**　用于表示某种数值类的数据。其中包括这样几种类型：Integer（整型），Long（长整型），Single（单精度浮点型），Double（双精度浮点型）和 Currency（货币型）。

（2）**字节数据类型**　用于表示并存储二进制数据。一般在表示一个二进制数据时，可以使用一个字节型变量。对整数类型适用的运算，除了"取负"的一元运算，均可适用于字节型变量。

（3）**字符数据类型**　用于表示一个由很多字符组成的字符串。对于一个表示数值的字符串，可以将其赋值给一个数值型变量；而且还可以将一个数值赋给一个字符串变量。

（4）**布尔数据类型**　用于表示只有两种相反取值的数据。一般对于取值为 True 或 False、Yes 或 No 以及 On 或 Off 的情况，可以使用布尔型变量来表示。

（5）**日期数据类型**　日期类型（Date）的变量用于保存的变量用于保存日期和时间，它可以接受多种表示形式的日期和时间。赋值时用两个"♯"符号把表示日期和时间的值括起来。如果输入的日期或时间是非法的或不存在的，系统将提示出错。例如，以下赋值语句都是正确的：

```
Dim TestDate As Date
TestDate=#11/30/2000#
TestDate=#2000-11-30#
TestDate=#11/30/2000 10:47:29 pm#
```

（6）**可变数据类型**　Variant 数据类型能够存储所有系统定义类型的数据。如果把它们赋予 Variant 变量，则不必在这些数据的类型间进行转换，VB 会自动完成任何必要的转换。例如：

```
Dim a        '默认为 Variant 类型
a="20"       'a 包含"20"(双字符的串)
a=a-15       '现在,a 包含数值 5
a="C"&a      '现在,a 包含"C5"(双字符的串)
```

除了可以像其他标准数据类型一样操作外，Variant 还包含三种特定值：Empty，Null 和 Error。

• Empty 值：在赋值之前，Variant 变量具有值 Empty。当需要知道是否已将一个值赋给所创建的变量时，可用 IsEmpty 函数测试 Empty 值：

```
If IsEmpty(x)Then x=0
```

Empty 是不同于 0、零长度字符串（""）或 Null 值的特定值。当 Variant 变量包含 Empty 值时，可在表达式中使用它，将其作为 0 或零长度字符串来处理，这要根据表达式来定。

只要将任何值（包括 0、零长度字符串或 Null）赋给 Variant 变量，Empty 值就会消失。而将关键字 Empty 赋给 Variant 变量，就可将 Variant 变量恢复为 Empty。

• Null 值：通常用于数据库应用程序，表示未知数据或丢失的数据。

由于在数据库中使用 Null 方法，Null 具有某些特性：对包含 Null 的表达式，计算结果总是 Null。于是说 Null 通过表达式"传播"，如果表达式的部分值为 Null，那么整个表达式的值也为 Null；将 Null 值、含 Null 的 Variant 变量或计算结果为 Null 的表达式作为参数传递给大多数函数，将会使函数返回 Null。可用 Null 关键字指定 Null 值。

```
x=Null
```

也可用 IsNull 函数测试 Variant 变量是否包含 Null 值。

```
If  IsNull(x)And lsNull(y)Then
    z=Null
Else
    z=0
End If
```

如果将 Null 值赋给 Variant 以外的任何其他类型变量，则将出现可以捕获的错误。而将 Null 值赋予 Variant 则不会发生错误，Null 将通过包含 Variant 变量的表达式传播（尽管 Null 并不通过某些函数来传播）。可以从任何具有 Variant 返回值的函数过程返回 Null。

· Error 值：可以指出已发生的过程中的错误状态。与其他类型错误不同，这里并未发生正常的应用程序级的错误处理。因此，程序员或应用程序本身可根据 Error 值进行取舍。利用 CVErr 函数将实数转换成错误值就可建立 Error 值。

（7）**对象（Object）数据类型**　Object 变量可用来引用应用程序中或某些其他应用程序中的对象。然后用 Set 语句指定一个被声明为 Object 的变量去引用应用程序所识别的任何实际对象。例如：

```
Dim objDb As Object
Set objDb=OpenDatabase("c:\Vb6\student.mdb")
```

2.2.3　Visual Basic 中运算符与表达式

运算符是代表 VB 某种运算功能的符号。VB 程序会按运算符的含义和运算规则执行实际的运算操作。VB 中的运算符包括赋值运算符、数学运算符、位运算符、关系运算符和逻辑运算符。

1. 赋值运算符

VB 中的赋值运算符用来给变量、变长数组或对象的属性赋值，即把运算符右边的内容赋给运算符左边的变量或属性。VB 中的赋值运算符是"＝"，其一般格式如下：

变量=值

其中，"变量"可以是变量、数组的元素或属性；"值"可以是常量、变量、表达式或函数返回值。

2. 数学运算符

VB 提供了完备的数学运算符，可以进行复杂的数学运算。表 2-1 按优先级从高到低的顺序列出了 VB 的数学运算符。

表 2-1　VB 中的数学运算符

运算符	说　明
^	指数运算符
—	负号运算符
* /	乘法和除法运算符
\	整除运算符
Mod	求模运算符
+—	加法和减法运算符
&	连接字符串运算符

3. 关系运算符

关系运算符用来确定两个表达式之间的关系。其优先级低于数学运算符,各个关系运算符的优先级是相同的,结合顺序从左到右。关系运算符与运算数构成关系表达式,关系表达式的最后结果为布尔值。关系运算符常用于条件语句和循环语句的条件判断部分。表 2-2 列出了 VB 中的关系运算符。

表 2-2 VB 中的关系运算符

运算符	说　明
=	相等运算符
<>	不等运算符
>	大于运算符
<	小于运算符
>=	大于或等于运算符
<=	小于或等于运算符
Like	字符串模式匹配运算符
Is	对象一致比较运算符

4. 逻辑运算符

逻辑运算符用于判断运算数之间的逻辑关系。表 2-3 列出了 VB 中的逻辑运算符。逻辑运算符除 Not 是单目运算符,其余都是双目运算符。

表 2-3 VB 中的逻辑运算符

运算符	说　明
Not	取反运算符(运算数为假时,结果为真,反之结果为假)
And	与运算符(运算数均为真时,结果才为真)
Or	或运算符(运算数中有一个为真时,结果为真)
Xor	异或运算符(运算数相反时,结果才为真)
Eqv	等价运算符(运算数相同时才为真,其余结果均为假)
Imp	蕴含运算符(第一个运算数为真,第二个运算数为假时,结果才为真,其余结果均为假)

2.2.4 常用函数

本小节介绍 VB 编程中常用的一些函数。

1. 输入函数 InputBox

此函数用于将用户从键盘输入的数据作为函数的返回值返回到当前程序中。用此函数的一个优点在于:该函数使用的是对话框界面,可以提供一个良好的交互环境。

该函数在使用时,将输入的数据以返回值形式返回程序,可以返回数值型和字符串型两种类型的数据。

1）数值型数据

当函数返回的是一个数值型数据,函数的格式如下:

```
InputBox(prompt[,title][,default][,xpos,ypos][,helpfile,context])
```

此时,只能输入数值不能输入字符串。

2）字符串型数据

当函数返回的是一个字符串型数据,函数的格式如下:

```
InputBox$(prompt[,title][,default][,xpos,ypos][,helpfile,context])
```

此时,可以输入数值也可以输入字符串。

上述两种类型的使用格式类似,只是返回值为字符串型的函数名的尾部多一个"$"符号。下面详细介绍一下其后的几个参数:

• prompt:为字符串型变量,用于表示出现的对话框中的提示信息。可以通知用户该对话框要求输入何种数据,一般此提示信息在一行内不能容纳时会自动换行到下一行输出,但总长度不能超过 1024 个字符,否则会被删掉。如果要自己指定换行位置时,可以自己在适当的位置添加回车换行符。使用时,此参数不能省略。

• title:为字符串型变量,用于表示对话框的标题信息,即对话框的名称。可以简单介绍对话框的功能,一般在对话框顶部的标题栏中显示。使用时,此参数可以省略。

• default:为字符串型变量,用于显示在输入区内默认的输入信息。一般此参数为该对话框常用的输入值,使用此参数是为了方便用户输入。使用时,此参数可以省略。

• xpos:为整型数值变量,用于表示对话框与屏幕左边界的距离值,即该对话框左边界的横坐标,单位是缇(twip)(1 英寸＝1440 缇)。

• ypos:也是一个整型数值变量,用于表示对话框与屏幕上边界的距离值,即该对话框上边界的纵坐标,单位也是缇(twip)。一般在使用时,xpos 和 ypos 是成对出现的,可以同时给出,也可以全部省略。在省略时,系统会给出一个默认数值,令对话框出现在屏幕的中间偏上的位置。

• helpfile:为字符串变量或字符串表达式,用于表示所要使用的帮助文件的名字。使用时,此参数可以省略。例如:使用帮助文件 readme. hlp,可将此项设置为"C:\readme. hlp"。

• context:为一个数值型变量或表达式,用于表示帮助主题的帮助号。使用时,此参数与 helpfile 一起使用,可以同时存在,也可以全部省略。

例如:以下事件过程执行出现如图 2-6 所示的信息输入框。

```
Private Sub Command1_Click()
    m=InputBox("输入分数(0 到 100 之间):","数据输入","80")
End Sub
```

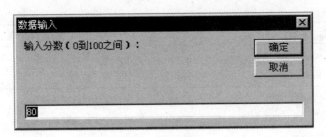

图 2-6 信息输入框

2. 输出函数 MsgBox

在 VB 中,除了有上述用于接受信息的 InputBox 函数,还有一个用于输出信息的 MsgBox 函数。

MsgBox 函数可以用对话框的形式向用户输出一些必要信息,还可以让用户在对话框内进行相应的选择,然后将该选择结果传输给程序。

MsgBox 函数使用格式为

```
MsgBox(prompt[,buttons][,title][,helpfile,context])
```

其中,title,helpfile 和 context 参数与 Inputbox 函数中的同名参数类似,这里不再介绍。下面主要介绍前两个参数。

• prompt 参数:用于显示对话框的提示信息,通知用户应该做什么选择,或者直接确认信息。该参数为字符串型变量,最大长度为 1024 个字符,多余部分会被删掉。在内容少于 1024 个字符时,若一行无法容纳,可以自动换行或自己添加回车符和换行符来决定换行位置。此参数不允许省略。

• buttons 参数:用于控制对话框中按钮的数目及形式、使用的图标的样式、哪个按钮为默认按钮以及强制对该对话框做出反应的设置。该参数为整数型数值变量,具体数值由上述四种控制的取值之和决定。

这 4 类控制中的每一类都有对应的几种取值情况,每个取值既可以用具体数值表示,也可以用系统定义的常量来表示,见表 2-4。

表 2-4 参数 button 的取值及说明

类型	常量	数值	功能说明
命令按钮	vbOKOnly	0	只显示一个 OK 按钮
	vbOKCancel	1	显示 OK 和 Cancel 按钮
	vbAbortRetryIgnore	2	显示 Abort、Retry 和 Ignore 按钮
	vbYesNoCancel	3	显示 Yes、No 和 Cancel 按钮
	vbYesNo	4	显示 Yes 和 No 按钮
	vbRetryCancel	5	显示 Retry 和 Cancel 按钮
图示	vbCritical	16	显示停止图标"×"
	vbQuestion	32	显示提问图标"?"

续表

类型	常量	数值	功能说明
图示	vbExclamation	48	显示警告图标"!"
	vbInformation	64	显示输出信息"i"
默认按钮	vbDefaultButton1	0	第一个按钮为默认按钮
	vbDefaultButton2	256	第二个按钮为默认按钮
	vbDefaultButton3	512	第三个按钮为默认按钮
	vbDefaultButton4	768	第四个按钮为默认按钮
等待模式	vbApplicationModal	0	当前应用程序挂起,直到用户对信息框做出响应才继续工作
	vbSystemModal	4096	所有应用程序挂起,直到用户对信息框做出响应才继续工作

在使用 buttons 参数时,只需在以上 4 类中分别选出合适的数值或相应的常量,将数值直接相加或者将常量用加号连接即可得到 buttons 参数的值。在每一类中选择不同的值会产生不同的效果,一般对于选择的值最好用常量表示,这样可以提高程序的可读性。此参数可以省略,若省略时代表值为 0,只显示一个 OK 按钮,而且此按钮为默认按钮。

在出现的对话框中,每个按钮上除了有相应的文字说明外,系统还自动为其添加了快捷方式键。即在文字说明后,附带有带下划线的某个快捷访问字母,例如放弃(A)。在选择此种按钮时,除了可以使用鼠标单击和对于默认按钮可以使用回车键外,还可以对每个按钮使用"Alt+相应快捷方式键"的方法进行选择。

MsgBox 函数的返回值是一个整数数值,此数值的大小与用户选择的不同按钮有关。在前面介绍 buttons 参数时,曾经提到了可能出现的 7 种按钮:确认、取消、终止、重试、忽略、是和否。函数的返回值分别与这 7 种按钮相对应,为从 1 到 7 的 7 个数值。具体对应情况见表 2-5。

表 2-5　MsgBox 函数返回值

返回常量	返回值	操作说明
vbOK	1	选择 OK 按钮
vbCancel	2	选择 Cancel 按钮
vbAbort	3	选择 Abort 按钮
vbRetry	4	选择 Retry 按钮
vbIgnore	5	选择 Ignore 按钮
vbYes	6	选择 Yes 按钮
vbNo	7	选择 No 按钮

例如,各种 MsgBox 语句及其显示的信息框如图 2-7 所示。

MsgBox("直接显示提示信息,用户只能选择[确定]按钮!",0,"信息提示")

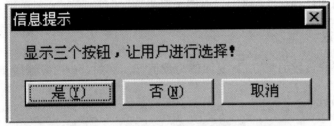

MsgBox("显示三个按钮,让用户进行选择!",2,"信息提示")

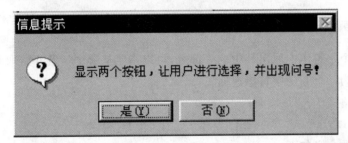

MsgBox("显示两个按钮,让用户进行选择,并出现问号!",4+32,"信息提示")

图 2-7　各种 MsgBox 语句及其显示的信息框

3. 其他函数

在 VB 中还有很多常用的函数,现介绍如下。

1) Chr()函数

用于将 ASCII 数值转为相应的字符形式,返回值为字符串型。一般对于 ASCII 字符的范围要求是 0～255。例如,字符 a 的 ASCII 是 97,所以 Chr(97)返回字符 a。

2) Val()函数

用于将数值字符串转为数值,返回值为数值型。所谓数值字符串,指的是字符串内的每个字符均为数字。在使用此函数时,如果使用的字符串参数中有空格、制表符和换行符,可以被系统自动忽略掉;如果使用的字符串参数中有"￥"、"＄"符号等,则不能被识别,会认为不是数值字符串,只能返回前面部分已转化的数值。例如,Val(" 123 ")返回 123。

3) Ucase()函数

用于将某个字符串中的所有小写字母转为大写字母,而大写字母和其他非字母的字符保持不变。例如,Ucase("abcd")返回字符串"ABCD"。

4) Lcase()函数

用于将某个字符串中的所有大写字母转为小写字母,而小写字母和其他非字母的字符保持不变。例如,Lcase("ABCD")返回字符串"abcd"。

5) Sqr()函数

用于求一个非负数的平方根,返回值为数值型。例如,Sqr(16)返回4。

6) Abs()函数

用于求某个数值的绝对值,返回值为数值型。例如,Abs(-100)返回100。

7) Mid()函数

用于从某个字符串中取出其中的一部分,可以指定从哪个位置开始取和取几个字符。将取出部分作为一个新的字符串返回。

此函数的格式为

```
Mid(string,start[,length])
```

其中的几个参数含义如下:

• string,用于指明取字符的字符串,如果该串为Null,则返回值也为Null,此参数必须存在,不能省略;

• start,用于指明从什么位置开始取,如果此位置超过字符串的长度,返回值为空串,此参数也必须存在,不能省略;

• length,用于指明取出字符串的长度,可以省略,如果该参数省略或者大于从start位置开始的字符个数,则返回从start位置开始到字符串结束的全部字符。例如,Mid("Computer",1,4)返回字符串"Comp"。

8) Format()函数

用于格式化输出。此函数的格式为

```
Format[$](expr,outformat)
```

其中,expr为表达式,outformat是输出格式。VB命名数值格式见表2-6,用户自定义数值格式见表2-7,用户自定义字符串格式见表2-8。

例如,Format(125.25,"00000.000")的输出为00125.250;Format(125.25,"#####.###")的输出为125.25。

表 2-6 VB 命名数值格式

格式名称	说 明
General Number	显示的数字没有千分符号
Currency	整数部分 3 位一个逗号；小数固定有 2 位
Fixed	整数部分至少 1 位，小数取 2 位
Standard	整数部分 3 位一个逗号；小数如有取 2 位
Percent	将数值乘以 100 加上百分符号"％"后输出
Scientific	使用标准的科学符号输出
Yes/No	假如结果为 0，显示"No"，否则显示"Yes"
True/False	假如结果为 0，显示"False"，否则显示"True"
On/Off	假如结果为 0，显示"Off"，否则显示"On"

表 2-7 用户自定义数值格式

符 号	说 明
空字符串	不用任何格式输出数值
0	预留位数，显示对应数值或 0
#	预留位数，显示对应数值或不显示
.	预留小数点
％	以百分比的方式显示
,	将整数部分每 3 位加一逗号
E－,E＋,e－,e＋	以科学符号显示
:	时间分隔符号
/	日期分隔符号
－,＋,$,(,),空白	可直接输出于数值格式

表 2-8 用户自定义字符串格式

符 号	说 明
@	预留字符显示对应字符或空白
&	预留字符显示对应字符或不显示
<	强制对应字符为小写
>	强制对应字符为大写
!	强制由左到右填补预留字符

2.3 设计与实现

下面就本章开始的案例来看如何设计与实现。

1. 设计思路

首先输入半径，然后使用计算公式得出圆面积，最后显示出这个数。

2. 设计步骤

(1) 创建窗体,添加控件,如图 2-8 所示。

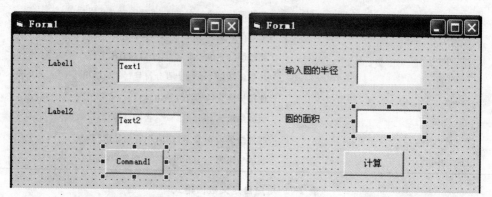

图 2-8　窗体布局　　　　　　图 2-9　设置属性后窗体的设计界面

(2) 设置属性,如图 2-9 所示。

(3) 编写程序代码,如图 2-10 所示。

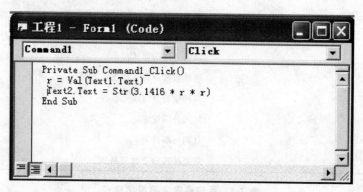

```
Private Sub Command1_Click()
    r = Val(Text1.Text)
    Text2.Text = Str(3.1416 * r * r)
End Sub
```

图 2-10　程序代码

(4) 运行程序,界面分别如图 2-11、图 2-12 及图 2-13 所示。

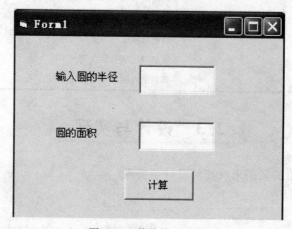

图 2-11　等待输入半径

图 2-12 输入半径 　　　　图 2-13 显示计算结果

2.4 项目实战：求二次方程的根

1. 设计思路

首先设定三个变量，然后判断 b * b－4ac 是否大于或者等于 0，根据大于 0 有两个不相等的实数根、等于 0 有两个相等的实数根、小于 0 就无实数根，使用算式 x＝(－b±$\sqrt{(b^2-4ac)}$)/2a 计算出根的值，并显示出来。

2. 实现方法

（1）创建窗体，添加控件，如图 2-14 所示。

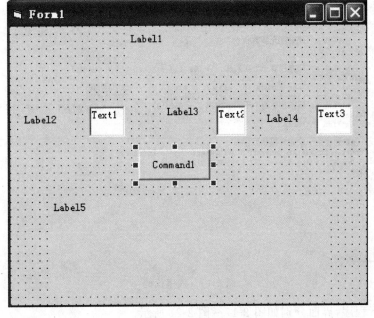

图 2-14 窗体布局

（2）设置属性，如图 2-15 所示。

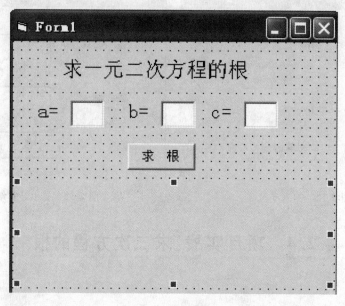

图 2-15　设置属性后窗体的设计界面

（3）编写程序代码，如图 2-16 所示。

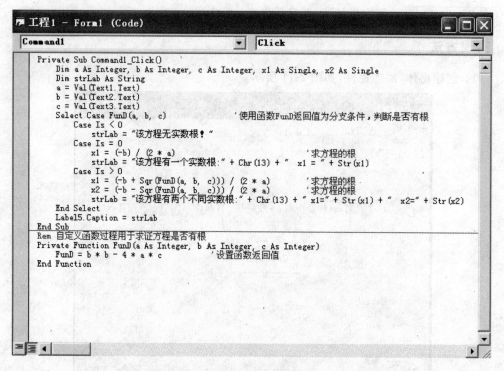

图 2-16　程序代码

（4）运行程序，界面分别如图 2-17～图 2-21 所示。

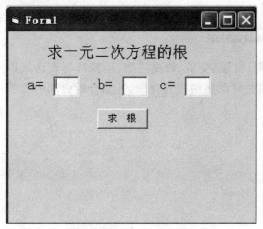

图 2-17 等待输入数据

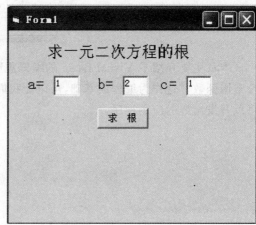

图 2-18 输入数据

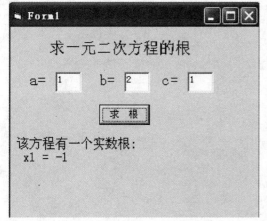

图 2-19 有一个实数根

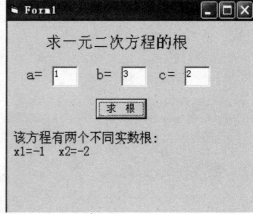

图 2-20 有两个不同实数根

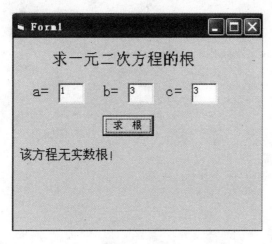

图 2-21 无根

小　结

本章主要介绍了 Visual Basic 的编码规则、常量、变量、数据类型、运算符与表达式以及常用函数。这作为编程的基础,可以让我们更好掌握编程的规则,并结合后面的内容就可以开发出好的应用程序。

程序控制结构与过程

3.1 典型项目：求水仙花数

【案例 3-1】 在窗体上输出所有的水仙花数。

水仙花数，即一个三位数各位数字的立方之和，刚好等于这个数字本身，如 $153＝1^3＋5^3＋3^3$。

图 3-1 计算水仙花数

3.2 必备知识

3.2.1 赋值语句

赋值语句比较简单，其一般格式如下：

　　变量=表达式

　　对象.属性=表达式

功能：将表达式的值赋值给变量或指定对象的属性。例如：

　　x=1

　　Text1.Text="Visual Basic 6.0程序设计"

执行过程：先求出等号右边表达式的值，然后将值赋值给左边的变量或属性。

3.2.2 条件语句

选择结构是根据某个条件进行选择,执行不同的分支语句,以完成问题的要求。在 Visual Basic 中,主要使用 If 语句和 Select Case 语句来处理选择结构,根据所给定的条件成立(True)或不成立(False),每种情况执行对应的一部分语句块。

1. If 语句

1) 单行 If 语句

单行条件语句比较简单,如图 3-2 所示,其格式如下:

```
If 条件 Then 语句 1[Else 语句 2]
```

功能:如果"条件"为 True,则执行语句 1,否则执行语句 2

2) 块结构条件语句

如图 3-3 所示,块结构条件语句一般格式如下:

```
If 条件 1 Then
    语句块 1
[ElseIf 条件 2 Then
    语句块 2]
[ElseIf 条件 3 Then
    语句块 3]
...
[Else
    语句块 n]
End If
```

功能:如果"条件 1"为 True,则执行"语句块 1";否则如果"条件 2"为 True,则执行"语句块 2"……否则执行"语句块 n"。

如果只需要判断一个条件,块形式的条件语句可以简化为

```
If 条件 Then
    语句块
End If
```

这里的"语句块"可以是一个语句,也可以是多个语句。多个语句时,可以分别写在多行;如果写在一行中,则各语句之间用冒号隔开。

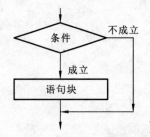

图 3-2 单分支选择结构流程图

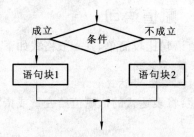

图 3-3 双分支选择结构流程图

3）IIf 函数

IIf 函数可用于执行简单的条件判断操作，它是"If…Then…Else"结构的简写版本，IIf 是"Immediate If"的缩略。

IIf 函数的格式如下：

```
result=IIf(条件,True 部分,False 部分)
```

"result"是函数的返回值，"条件"是一个逻辑表达式。当"条件"为真时，IIf 函数返回"True 部分"，而当"条件"为假时返回"False 部分"。"True 部分"或"False 部分"可以是表达式、变量或其他函数。注意，IIf 函数中的 3 个参数都不能省略，而且要求"True 部分"、"False 部分"及结果变量的类型一致。

【案例 3-2】　输入一学生成绩，评定其等级。方法是：90～100 分为"优秀"，80～89 分为"良好"，70～79 分为"中等"，60～69 分为"及格"，60 分以为"不合格"。

使用 IF 语句实现的程序段如下：

```
If   x>=90 then
    Print"优秀"
ElseIf   x>=80 Then
    Print"良好"
ElseIf x>=70   Then
    Print"中等"
ElseIf   x>=60 Then
    Print"及格"
Else
    Print"不及格"
End If
```

2. Select Case 语句

Select Case 语句的一般格式为

```
Select Case 测试表达式
[Case 表达式列表 1]
    [语句块 1]
[Case 表达式列表 2]
    [语句块 1]
...
[Case Else]
    [语句块 n]
End Select
```

Select Case 语句以 Select Case 开头，以 End Select 结束。其功能是根据"测试表达式"的值，从多个语句块中选择符合条件的一个语句块执行。

说明：情况语句中含有多个参量，这些参量的含义分别为

（1）测试表达式　可以是数值表达式或字符表达式，通常称为变量或常量。

（2）**语句块 1，语句块 2，…** 每个语句块由一行或多行合法的 Visual Basic 语句组成。

（3）**表达式列表 1，表达式列表 2，…** 称为域值。

域值的形式主要有以下 4 种：

（1）表达式，如 Case A＋5；

（2）一组枚举表达式（用逗号分隔），如 Case 2,4,6,8；

（3）表达式 1 To 表达式 2，如 Case 10 To 20；

（4）Is 关系运算符表达式，如 Case Is＜60。

【**案例 3-3**】 使用 Select Case…语句来实现【案例 3-2】的程序段如下：

```
Select Case x
    Case 90 to 100
        Print"优秀"
    Case 80 to 89
        Print"良好"
    Case 70 to 79
        Print"中等"
    Case 60 to 69
        Print"及格"
    Case Else
        Print"不及格"
End Select
```

3.2.3 循环语句

循环结构是一种反复执行的程序结构。它判断给定的条件，如果条件成立，即为"真"（True）时，则重复执行某一些语句（称为循环体）；否则，即为"假"（False）时，则结束循环。在 Visual Basic 中，实现循环结构的语句主要有三种：

```
For...Next 语句
While...Wend 语句
Do...Loop 语句
```

1. For 循环控制结构

For 循环也称为 For…Next 循环或计数循环。其一般格式如下：

```
For 循环变量=初值 To 终值[Step 步长]
    [循环体]
    [Exit For]
Next[循环变量]
```

说明：格式中有多个参数，这些参数的含义分别为

（1）**循环变量** 也称"循环控制变量"、"控制变量"或"循环计数器"。它是一个数值

变量,但不能是下标变量或记录元素。

(2) **初值** 循环变量的初始值,它是一个数值表达式。

(3) **终值** 循环变量的结束值,它是一个数值表达式。

(4) **步长** 循环变量的增量,是一个数值表达式。

(5) **循环体** 在 For 语句和 Next 语句之间的语句序列,可以是一个或多个语句。

(6) **Exit For** 退出循环。

(7) **Next** 循环终端语句。在 Next 后面的"循环变量"与 For 语句中的"循环变量"必须相同。

格式中的初值、终值和步长均为数值表达式,但其值不一定是整数,可以是实数。

2. While…Wend 循环控制结构

While 循环语句的一般格式如下:

```
While 条件表达式
    [语句块]
Wend
```

在上述格式中,"条件"为一个布尔表达式 While 循环语句的功能是,当给定的"条件"为 True 时,执行循环中的"语句块"(即循环体)。

While 循环语句的执行过程是,如果"条件"为 True(非 0 值),则执行"语句块"到 Wend 语句时,控制返回到 While 语句并对"条件"进行测试,如仍为 True,则重复上述的过程;如果"条件"为 False,则不执行"语句块",而执行 Wend 后面的语句。

While 循环与 For 循环的区别是,For 循环对循环体执行指定的次数,While 循环则是在给定的条件为 True 时重复语句序列(循环体)的执行。

3. Do…Loop 循环控制结构

Do…Loop 循环不仅可以不按照限定的次数执行循环体内的语句块,而且可以根据循环条件是 True 或 False 决定是否结束循环。

Do…Loop 循环的一般格式如下:

```
Do
    [语句块]
    [Exit Do]
Loop[While|Until 循环条件]
```

如图 3-4 所示,或者

```
Do[While|Until 循环条件]
    [语句块]
    [Exit Do]
Loop
```

如图 3-5 所示。

Do…Loop 循环语句的功能是,当指定的"循环条件"为 True 或直到指定的"循环条件"变为 True 之前重复执行一组语句(即循环体)。

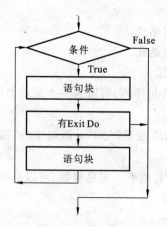

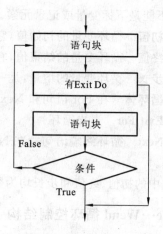

图 3-4　当型循环结构流程图　　　　图 3-5　直到型循环结构流程图

说明：

（1）当使用 While"条件"构成循环时，当条件为"真"，则反复执行循环体，当条件为"假"，则退出循环。

（2）当使用 Until"条件"构成循环时，当条件为"假"，则反复执行循环体，直到条件成立，即为"真"时，则退出循环。

（3）在循环体内一般应有一个专门用来改变条件表达式中变量的语句，以使随着循环的执行，条件趋于不成立（或成立），最后达到退出循环。

（4）语句 Exit Do 的作用是退出它所在的循环结构，它只能用在 Do…Loop 结构中，并且常常是同选择结构一起出现在循环结构中，用来实现当满足某一条件时提前退出循环。

（5）Do…Loop 及 While,Until 都是关键字，"语句块"是需要重复执行的一个或多个语句，即循环体。"循环条件"是一个逻辑表达式。

（6）Do 和 Loop 构成了 Do 循环当只有这两个关键字时，其格式简化为：

```
Do
    [语句块]
Loop
```

在这种情况下程序将不停地执行 Do 和 Loop 之间的"语句块"。为了使程序按指定的次数执行循环，必须使用可选的关键字 While 或 Until 以及 Exit Do。While 是当条件为 True 时执行循环，而 Until 则是在条件变为 True 之前重复。

3.3　设计与实现

1. 设计思路

要知道一个三位数各位数字上的立方之和，首先第一步就要知道出各位上的数字分别是什么，然后计算出立方和，再根据条件判断其是否水仙花数。

（1）代入一个三位数，分别求出此三位数每一位上的数字，其中用到除法（运算符号/）和模运算（运算符号％）。假设用 a 表示个位上的数字，b 表示十位数上的数字，c 表示百位数上的数字。

（2）求出此三位数每位上数字的立方之和，判断它是否和原本代入的三位数相等，如果相等，则说明此时代入计算的三位数是一个水仙花数，在窗体上打印其值；如果不相等，则其不是水仙花数，不做任何操作。

（3）判断完毕后返回步骤（1）继续代入下一个三位数。

（4）遍历所有的三位数后，窗体上显示的即所有满足条件的水仙花数。

2. 设计步骤

1）界面设计

如图 3-1 所示，在窗体上添加一个命令按钮控件，并按表 3-1 说明设置相关属性。

表 3-1 【案例 3-1】"相关属性设置

控件名称	属性	值
Form1	Caption	计算水仙花数
Command1	Caption	计算

2）代码设计

```
Private Sub Command1_Click()
    Dim i As Integer,a As Integer,b As Integer,c As Integer
    For i=100 To 999
        a=i Mod 10
        b=i\10 Mod 10
        c=i\100
        If a*a*a+b*b*b+c*c*c=i Then
            Print i
        End If
    Next
End Sub
```

执行效果如图 3-1 所示。

3.4 知 识 进 阶

1. 多重循环

通常把循环体内不含有循环语句的循环称为单层循环，而把循环体内含有循环语句的循环称为多重循环。例如在循环体内含有一个循环语句的循环称为二重循环。多重循环又称多层循环或嵌套循环。

在一般情况下,三种循环不能在循环过程中退出循环,只能从头到尾地执行 Visual Basic 以出口语句(Exit)的形式提供了进一步的终止机理,与循环结构配合使用,可以根据需要退出循环。

2. 出口语句

出口语句可以在 For 循环和 Do 循环中使用,也可以在过程中使用。它有两种格式,一种为无条件形式,一种是条件形式,即

无条件形式	条件形式
Exit For	If 条件 Then Exit For
Exit Do	If 条件 Then Exit Do
Exit Sub	If 条件 Then Exit Sub
Exit Function	If 条件 Then Exit Function

出口语句的无条件形式不测试条件,执行到该语句后强行退出循环。而条件形式要对语句中的"条件"进行测试,只有当指定的条件为 True 时才能退出循环,如果条件不为 True,则出口语句没有任何作用。

出口语句具有两方面的意义。首先,给编程人员以更大的方便,可以在循环体的任何地方设置一个或多个中止循环的条件;其次,出口语句显式地标出了循环的出口点,这样就能大大改善某些循环的可读性,并易于编写代码。因此,使用出口语句能简化循环结果。

3. GoTo 语句

GoTo 语句可以改变程序执行的顺序,跳过程序的某一部分去执行另一部分,或者返回已经执行过的某语句使之重复执行。因此,用 GoTo 语句可以构成循环。

GoTo 语句的一般格式为

GoTo{ 标号|行号}

其中,"标号"是一个以冒号结尾的标识符;"行号"是个整型数,不以冒号结尾。

4. On…GoTo 语句

On…GoTo 语句类似于情况语句,用来实现多分支选择控制,它可以根据不同的条件从多种处理方案中选择一种。其格式为

On 数值表达式 GoTo 行号列表|标号列表

On…GoTo 语句的功能是根据"数值表达式"的值,把控制转移到几个指定的语句行中的一个语句行。"行号列表"或"标号列表"可以是程序中存在的多个行号或称号,相互之间用逗号隔开。

5. 注释、暂停与程序结束语句

1) 注释语句

格式:Rem 注释内容

2）暂停语句（Stop）

格式：Stop

3）结束语句（End）

格式：End

6. Sub 过程

定义 Sub 过程的结构与前面多次见过的事件过程的结构类似。一般格式如下：

```
[Static][Private][Public]Sub 过程名[(参数列表)]
        语句块
        [Exit Sub]
        [语句块]
End Sub
```

Sub 过程的调用有两种方式：一种是把过程的名字放在一个 Call 语句中；另一种是把过程名作为一个语句来使用。

1）用 Call 语句调用 Sub 过程

格式：Call 过程名[(实际参数)]

2）把过程名作为一个语句来使用

在调用 Sub 过程时，如果省略关键字 Call，就成为调用 Sub 过程的第二种方式。与第一种方式相比，它有两点不同：

（1）去掉了关键字 Call；

（2）去掉了"实际参数"的括号。

7. Function 过程

定义 Function 过程的格式如下：

```
[Static][Private][Public]Function 过程名[(参数列表)][As 类型]
        语句块
        [过程名=表达式]
        [Exit Function]
        [语句块]
End Function
```

Function 过程的调用比较简单，因为可以像使用 Visual Basic 内部函数一样来调用 Function 过程。实际上，由于 Function 过程能返回一个值，因此完全可以把它看成是一个函数，它与内部函数没有什么区别，只不过内部函数由语言系统提供，而 Function 过程由用户自己定义。

8．参数传送

形参，即形式参数，是在 Sub、Function 过程的定义中出现的变量名；实参，即实际参数是在调用 Sub 或 Function 过程时传送给 Sub 或 Function 过程的常数、变量、表达式或数组。在 VB 中，可以通过两种方式传递参数，即按地址传递（ByRef）和按值传递（ByVal）。

（1）**地址传递**　在默认情况下，变量（简单变量、数组或数组元素以及记录）都是通过地址传递给 Sub 或 Function 过程。在这种情况下，可以通过改变过程中相应的参数来改变该变量的值。这意味着，当通过地址来传递实参时，可以在过程中改变原实参变量的值。

（2）**值传递**　传值就是通过值传送实际参数，即传送实参的值而不是传送它的地址。在这种情况下，系统把需要传送的变量复制到一个临时单元中，然后把该临时单元的地址传送给被调用的通用过程。由于通用过程没有访问变量（实参）的原始地址，因而不会改变原来变量的值，所有的变化都是在变量的副本上进行的。

3.5　项目实战

3.5.1　实战1

【**案例 3-4**】　在窗体上打印 9×9 乘法表。

1．功能要求

如图 3-6 所示，在界面上以指定字符间隔打印 9×9 乘法表表达式。

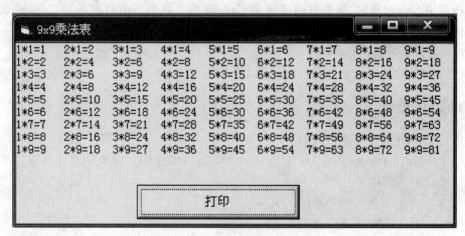

图 3-6　打印 9×9 乘法表

2．设计与实现

1）界面设计

如图 3-6 所示，在窗体上添加一个命令按钮控件，并按表说明设置相关属性，见表 3-2。

表 3-2 【案例 3-4】相关属性设置

控件名称	属性	值
Form1	Caption	9×9 乘法表
Command1	Caption	打印

2）代码设计"打印"功能的实现

分析：单击"打印"命令按钮控件时，通过 Print 方法在窗体 Form1 上打印出 9×9 乘法表。具体代码实现如下：

```
Private Sub Command1_Click()
    Dim i As Integer,j As Integer
    For i=1 To 9
        For j=1 To 9
            Print j&"* "&i&"="&i*j&Chr(9);
        Next
        Print
    Next
End Sub
```

3.5.2 实战 2

【案例 3-5】 自定义过程的定义，调用与参数传递。

1. 功能要求

自定义两个 Sub 过程，作用为交换两个数的值，其中一个通过值传递参数（ByVal），另外一个通过地址传递参数（ByRef），分别调用后，输出结果。执行效果如图 3-7 所示。

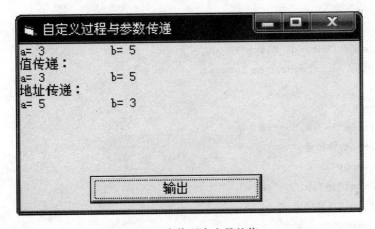

图 3-7 交换两个变量的值

2. 设计与实现

1) 界面设计

如图 3-7 所示,在窗体上添加一个命令按钮控件,并按表说明设置相关属性,见表 3-3。

表 3-3 【案例 3-5】相关属性设置

控件名称	属性	值
Form1	Caption	自定义过程与参数传递
Command1	Caption	输出

2) 代码设计——"输出"功能的实现

分析:分别定义两个除了形式参数部分不一样以外(ByRef 与 ByVal),其他代码完全相同的过程 SwapByRef 与 SwapByVal。在"输出"命令按钮控件的单击事件中,分别调用两个 Sub 过程,并将调用后的实参 a,b 的值即时输出到窗体上,并观察结果。具体代码实现如下:

```
Private Sub SwapByRef(ByRef x As Integer,ByRef y As Integer)
    Dim t As Integer
    t=x
    x=y
    y=t
End Sub
Private Sub SwapByVal(ByVal x As Integer,ByVal y As Integer)
    Dim t As Integer
    t=x
    x=y
    y=t
End Sub
Private Sub Command1_Click()
    Dim a As Integer,b As Integer
    a=3
    b=5
    Print"a=";a,"b=";b
    Print"值传递:"
    SwapByVal a,b
    Print"a=";a,"b=";b
    Print"地址传递:"
    SwapByRef a,b
    Print"a=";a,"b=";b
End Sub
```

小　结

　　本章介绍了结构化程序设计，及顺序结构、选择结构、循环结构的各种语句及其算法表示。算法是程序设计的灵魂，要编写一个好的程序，首先就要设计合理、优秀的算法。即使一个简单程序，在编写时也要考虑先做什么，再做什么，最后做什么。

　　面向对象的程序设计并不是要抛弃结构化程序设计方法，而是站在比结构化程序设计更高、更抽象的层次上去解决问题。当它被分解为低级代码模块时，仍需要结构化编程的方法和技巧。程序都是顺序结构、选择结构和循环结构三种结构的复杂组合。

第4章

Visual Basic 控件

4.1 典型项目：根据圆的半径求周长和面积

【案例 4-1】 根据圆的半径求周长和面积。

如图 4-1 所示，用户在指定的文本框内输入半径数值，根据此半径计算圆的周长和面积，并显示在另外两个文本框内。

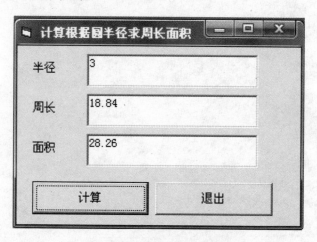

图 4-1 根据圆的半径求周长和面积

4.2 必 备 知 识

4.2.1 标签、文本框与命令按钮

1. 命令按钮控件

命令按钮控件(Command Button)通常用来在单击时执行指定的操作，几乎每个应用程序中都要通过它同用户进行交互。命令按钮控件如图 4-2 所示。

1）常用属性

（1）**Caption 属性**　返回或设置命令按钮控件上显示的文本内容。

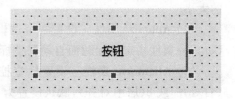

图 4-2　命令按钮控件

（2）**Left 和 Top 属性**　返回或设置控件的左边距和顶边距，默认长度单位为缇（Twip）。这两个属性决定了控件在窗体上的位置。

（3）**Width 和 Height 属性**　返回或设置控件的宽度和高度。这两个属性决定了控件的大小。

（4）**Cancel 属性**　当某个命令按钮的 Cancel 属性被设置为 True 时，按 Esc 键和单击该命令按钮的效果相同。

（5）**Default 属性**　当某个命令按钮的 Default 属性被设置为 True 时，按 Enter 键和单击该命令按钮的效果相同。

（6）**Style 属性**　设置命令按钮控件的样式，可以设置为 0（标准的）或 1（图形的），默认设置为 0。

（7）**Picture，DownPicture 和 DisabledPicture 属性**　当 Style 属性被设置为 1 时，可以通过这三个属性设置命令按钮控件在普通状态时、按下时和被禁用时，分别显示的图形文件。图形文件可以在设计阶段装入，也可以在运行期间装入。如果在运行期间，必须用 LoadPicture 函数把图形文件装入后，再赋值给这三个属性。例如：

```
控件名.Picture=LoadPicture("文件路径")
```

（8）**Visible 属性**　返回或设置一个逻辑值（True 或 False），用来确定控件是否可见。

（9）**Enabled 属性**　返回或设置一个逻辑值（True 或 False），确定控件是否可用，能否对用户产生的事件作出反应。

2）常用事件

Click 事件　当某个控件时被单击时，触发 Click 事件。

2. 标签控件

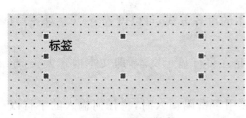

图 4-3　标签控件

标签控件（Label）的主要作用是用来显示描述性的文字，标签的文本内容不能由用户进行编辑，只能由设计者在程序代码中通过语句修改，如图 4-3 所示。

1）常用属性

（1）**Caption 属性**　返回或设置标签控件中显示的文本内容。

（2）**Left 和 Top 属性**　返回或设置控件的左边距和顶边距，默认长度单位为缇（Twip）。这两个属性决定了控件在窗体上的位置。

（3）**Width 和 Height 属性**　返回或设置控件的宽度和高度。这两个属性决定了控件的大小。

（4）**AutoSize 属性**　设置一个逻辑值（True 或 False），用来确定标签控件是否根据 Caption 属性指定的标题而自动调整标签控件的大小。

（5）**Alignment 属性**　设置标签控件中文本的对齐方式，可以设置为 0（左对齐），1（右对齐）或 2（居中对齐），默认设置为 0。

（6）**BackStyle 属性**　设置标签控件的背景是否透明显示，设置为 0 表示透明，1 表示不透明，默认设置为 1。

（7）**BorderStyle 属性**　设置标签控件的边框，设置为 0 表示无边框，1 表示有边框，默认设置为 0。

（8）**Visible 属性**　返回或设置一个逻辑值（True 或 False），用来确定控件是否可见。

（9）**Enabled 属性**　返回或设置一个逻辑值（True 或 False），确定控件是否可用，能否对用户产生的事件作出反应。

2）常用事件

标签控件常用的事件主要有 Click 单击事件。

3. 文本框控件

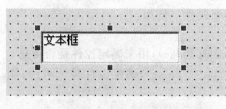

图 4-4　文本框控件

文本框控件（Text Box）是一个文本编辑区域，用户可以在这个区域中输入、编辑和显示文本，类似于一个简单的文本编辑器。如图 4-4 所示。

1）常用属性

（1）**Text 属性**　返回或设置文本框控件中显示的文本内容。

（2）**Left 和 Top 属性**　返回或设置控件的左边距和顶边距，默认长度单位为缇（Twip）。这两个属性决定了控件在窗体上的位置。

（3）**Width 和 Height 属性**　返回或设置控件的宽度和高度。这两个属性决定了控件的大小。

（4）**Alignment 属性**　设置文本框控件中文本的对齐方式，可以设置为 0（左对齐），1（右对齐）或 2（居中对齐），默认设置为 0。

（5）**MultiLine 属性**　设置文本框控件是否允许多行显示文本，即文本内容太长，超出文本框控件范围时，是否允许换行显示。

（6）**PasswordChar 属性**　设置文本框控件在用于密码输入时，将任何输入的字符以某个特定的字符显示。

（7）**ScrollBars 属性**　设置文本框中是否有滚动条。其值可以设置为以下 4 种。

0——没有滚动条（默认设置）；

1——只有水平滚动条；

2——只有垂直滚动条；

3——同时具有水平和垂直滚动条。

（8）**SelStart 属性**　返回或设置当前被选择文本的起始位置。

（9）**SelLength 属性**　返回或设置当前被选择文本的长度。

（10）**SelText 属性**　返回或设置当前被选择文本的内容。

（11）**Locked 属性**　返回或设置文本框控件的文本内容是否可以由用户进行编辑。

2）常用方法

SetFocus 方法　文本框中较常用的方法，格式如下：

```
[控件名.]SetFocus
```

功能：把输入光标（焦点）移到指定的控件中。

3）常用事件

（1）**Change 事件**　当用户向文本框控件中输入文本，或当程序把 Text 属性设置为新值，从而改变文本框控件的 Text 属性时，将触发该事件。

（2）**GotFocus 事件**　当文本框控件具有输入焦点（即处于活动状态）时出发该事件。

（3）**LostFocus 事件**　当按下 Tab 键或单击鼠标，使光标离开当前文本框控件时触发该事件。

【案例 4-2】　登录界面程序。

如图 4-5 所示，通过验证用户输入的账号以及密码（假设正确的账号为 Admin，密码为 123456），判断用户是否具有使用系统的权限。如果登录成功，则通过弹出如图 4-6 的消息框，反之如果登录失败，则弹出如图 4-7 的消息框。

图 4-5 用户登录窗口

图 4-6 登录成功窗口

图 4-7 登录失败窗口

设计步骤如下。

首先是界面设计。

如图 4-5 所示,在窗体上添加两个标签控件,两个文本框控件和两个命令按钮控件,并按照表 4-1 设置相关属性。

表 4-1 【案例 4-1】相关属性设置

控件名称	属性	值
Form1	Caption	用户登录
Label1	Caption	账号:
Label2	Caption	密码:
Text2	PasswordChar	*
Command1	Caption	登录
Command2	Caption	退出

其次是代码设计。

① "登录"功能的实现。

分析:单击"登录"命令按钮控件 Command1 时,分别取得文本框控件 Text1 和 Text2 中的 Text 属性进行判断,如果符合要求(账号名和密码正确),则通过消息框 MsgBox 函数弹出"登录成功!"的提示;反之,如果不符合要求(账号名和密码错误),则弹出"账号或密码错误,请重新输入!"的提示。具体代码实现如下:

```
Private Sub Command1_Click()
    If Text1.Text= "Admin" And Text2.Text="123456" Then
        MsgBox "登录成功!", , "成功"
    Else
        MsgBox "账号或密码错误,请重新输入!", , "错误"
    End If
End Sub
```

② "退出"功能的实现。

分析:单击"退出"命令按钮控件 Command2 时退出整个程序。具体代码实现如下:

```
Private Sub Command2_Click()
    End
End Sub
```

4.2.2 单选按钮、复选框与框架

1. 单选按钮控件

单选按钮控件(Option Button)可以提供一组彼此相互排斥的选项。用户只能从中选择一个选项,实现一种单项选择的功能,被选定的项目左侧圆圈中将出现黑点,如图 4-8 所示。

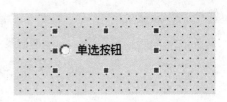

图 4-8 单选按钮控件

1）常用属性

（1）**Caption 属性** 设置单选按钮控件旁边的文本，用于描述该选项所代表的内容。

（2）**Value 属性** 返回或设置单选按钮控件的选择状态，可设置为 True(选中)或 False(未选中)，默认为 False。

（3）**Alignment 属性** 设置单选按钮控件旁边文本的对齐方式，可设置为 0 或 1：

0——文本显示在单选按钮控件的右侧（默认设置）；

1——文本显示在单选按钮控件的左侧。

（4）**Style 属性** 设置单选按钮控件的外观，可设置为 0 或 1：

0——标准风格；

1——图形风格。

2）常用事件

单选按钮控件常用的时间主要是 Click 单击事件。

2. 复选框控件

复选框控件(Check Box)可以提供多个选项，它们彼此独立工作，所以用户可以同时

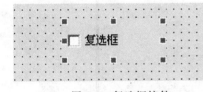

图 4-9 复选框控件

选择任意多个选项，如图 4-9 所示。选择某一选项后，该控件左侧的方框中将显示"√"，取消该选项后，"√"消失。复选框的 Caption 属性，Alignment 属性，Style 属性与单选按钮控件相同，但其 Value 属性与单选按钮有所不同。

1）常用属性

Value 属性 返回或设置复选框控件的选择状态，可设置为 0,1 或 2：

0——表示未选中（默认设置），此时左侧的方框中显示空白；

1——表示选中，此时左侧的方框中显示"√"；

2——表示默认或不建议修改，此时复选框左侧的方框为灰色。

2）常用事件

单选按钮控件常用的时间主要也是 Click 单击事件。常用于创建事件过程，检测该控件对象的 Value 值，根据检测结果执行相应的处理过程。

3. 框架控件

框架控件(Frame)是左上角有标题文字的方框，和窗体控件一样，框架控件本身并没有什么功能，它的功能主要是用于装载其他的控件，形成一个控件组，如图 4-10 所示。

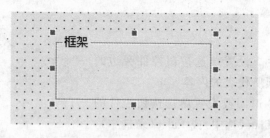

图 4-10　框架控件

当控件装入框架容器后,框架移动时,其他控件也相应移动;框架隐藏时,其他控件也一起隐藏;框架禁用时,其他控件也一起被禁用。利用框架设计界面,可以使窗体上的内容更加有条理。

1) 常用属性

Caption 属性　返回或设置框架控件左上角显示的文本内容。

【案例 4-3】　字体设置程序。

如图 4-11 所示,使用单选按钮控件和复选框控件,实现对文本框中字体的设置。

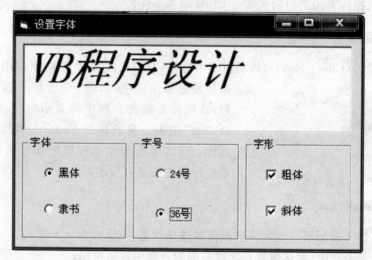

图 4-11　字体设置程序

设计步骤如下:

首先是界面设计。

如图 4-11 所示,在窗体上添加 1 个文本框控件,3 个框架控件,4 个单选按钮控件和 2 个复选框控件,并按照表 4-2 设置相关属性。

表 4-2　【案例 4-3】相关属性设置

控件名称	属性	值
Form1	Caption	设置字体
Text1	Text	VB程序设计

控件名称	属性	值
Frame1	Caption	字体
Frame2	Caption	字号
Frame3	Caption	字形
Option1	Caption	黑体
Option2	Caption	隶书
Option3	Caption	24
Option4	Caption	36
Check1	Caption	粗体
Check2	Caption	斜体

其次是代码设计。

① "字体"框架中功能的实现。

分析：单击"字体"框架中某个单选按钮控件时，改变文本框控件 Text1 中的字体种类，即单选按钮控件发生单击事件时，修改文本框控件 Text1 的 FontName 属性。具体代码实现如下：

```
Private Sub Option1_Click()
    Text1.FontName="黑体"
End Sub
Private Sub Option2_Click()
    Text1.FontName="隶书"
End Sub
```

② "字号"框架中功能的实现。

分析：单击"字号"框架中某个单选按钮控件时，改变文本框控件 Text1 中的字体大小，即单选按钮控件发生单击事件时，修改文本框控件 Text1 的 FontSize 属性。具体代码实现如下：

```
Private Sub Option3_Click()
    Text1.FontSize=24
End Sub
Private Sub Option4_Click()
    Text1.FontSize=36
End Sub
```

③ "字形"框架中功能的实现。

分析：单击"字形"框架中某个复选框控件时，通过其 Value 值取得该复选框控件的选择状态。如果该复选框控件未被选中，即 Value 值为 0 时，设置文本框控件 Text1 的 FontBold 或 FontItalic 属性为 False；反之，如果该复选框控件处于选中状态，即 Value 值为 1 时，设置文本框控件 Text1 的 FontBold 或 FontItalic 属性为 True。具体代码实现如下：

```
Private Sub Check1_Click()
    If Check1.Value=0 Then
        Text1.FontBold=False
    Else
        Text1.FontBold=True
    End If
End Sub
Private Sub Check2_Click()
    If Check1.Value=0 Then
        Text1.FontItalic=False
    Else
        Text1.FontItalic=True
    End If
End Sub
```

4.2.3 列表框与组合框

1. 列表框控件

在程序设计中,有时希望能够把较多的项目在一个列表中显示出来,从而进行选择操作。表框控件(ListBox)为用户提供了选项列表的功能,如图 4-12 所示。如果项目总数超过了可显示的项目,Visual Basic 会自动为它加上滚动条。

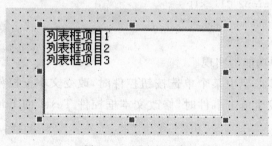

图 4-12 列表框控件

1) 常用属性

(1) **List 属性** 返回或设置列表框控件中列表项的内容。该属性是一个字符串数组,下标从 0 开始,即 List(0)表示列表框中第一个数据项的内容;List(1)表示列表框中第二个数据项的内容,依此类推,List(控件名.ListCount-1)表示列表框中最后一个数据项的内容。

(2) **ListCount 属性** 返回列表框中列表项的个数。

(3) **ListIndex 属性** 返回列表框在运行时期,用户选中的列表项的索引号。如果用户选择了多个列表项,则 ListIndex 属性返回的是最近一次所选的列表框中的序号;如果没有任何一个项目被选中,则 ListIndex 属性的值为-1。

（4）**Text 属性** 返回列表框控件中当前选中的列表项的文本内容。

（5）**MultiSelect 属性** 设置列表框控件是否能够进行复选以及复选操作的形式，可设置的值为 0，1 和 2：

0——不允许多项选择（默认设置）；

1——简单多项选择，使用鼠标或空格键进行选择；

2——扩展多项选择，可使用 Ctrl 或 Shift 键加鼠标组合完成多项选择。

（6）**SelCount 属性** 返回列表框控件被选中的项目的个数。

（7）**Selected 属性** 返回或设置列表框控件中列表项的选中状态。该属性是一个逻辑数组，与 List 属性非常相似，下标从 0 开始，即 Selected(0) 表示列表框中第一个列表项选中状态（True 表示选中，False 表示未选中）；Selected(1) 表示列表框中第二个列表项的选中状态，依此类推。

（8）**Style 属性** 设置列表框的外观，只能在设计时确定，可设置的值为 0（标准列表框）或 1（复选框式列表框）。

2）常用方法

（1）AddItem 方法。格式如下：

```
控件名.AddItem 新列表项[,索引号]
```

功能：在指定的索引编号位置，添加一个列表项。如果索引编号参数省略不写，则默认追加在所有列表项的最后。

（2）RemoveItem 方法。格式如下：

```
控件名.RemoveItem 索引号
```

功能：删除列表框中指定索引编号的列表项。

（3）Clear 方法。格式如下：

```
控件名.Clear
```

功能：清除列表框中的所有列表项。

3）常用事件

列表框控件常用的事件主要有 Click 单击事件和 DblClick 双击事件。

2. 组合框控件

组合框（Combo Box）是组合列表框和文本框的特性而成的控件。它可以像列表框一样，让用户通过鼠标选择所需要的项目，也可以像文本框一样，从键盘输入项目，列表框的属性基本可用于组合框，此外组合框还有自己的一些属性，如图 4-13 所示。

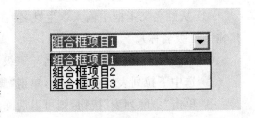

图 4-13 组合框控件

1）常用属性

（1）**Style 属性** 设置组合框控件的外观，它是组合框的一个重要属性，可以设置的

值为 0,1 和 2,它决定了组合框三种不同的类型:

0——下拉组合框(默认设置),包括一个文本框和一个下拉式列表,可以在文本框中输入或在列表中选择;

1——简单组合框,包括一个文本框和不能下拉的列表,可以在文本框中输入或在列表中选择;

2——下拉式列表,仅允许从下拉式列表中选择项目。

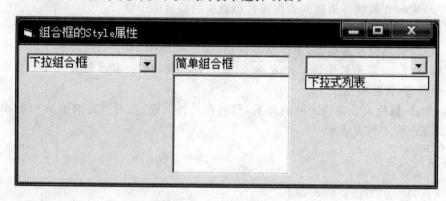

图 4-14 组合框 style 属性

(2) **Text 属性**　返回组合框控件中当前选中的列表项或用户输入的文本内容。

2) 常用方法

前面介绍的 Addltem,Removeltem 和 Clear 方法也适用于组合框,其用法与在列表框中相同。

3) 常用事件

组合框控件常用的事件主要有 Click 单击事件。只有简单组合框才有 DblClick 双击事件。当下拉列表框的文本内容发生变化时,会触发 Change 事件。

【案例 4-4】　学生信息管理程序。

如图 4-15 所示,实现以下功能:

① 从姓名文本框中输入学生姓名,在班级下拉列表框中选择其所属班级(也可以直接输入班级名称)。

② 单击"添加"按钮,则将姓名与班级添加到列表框中。

③ 选中下拉列表框中的选项,单击"删除"按钮可以删除选中的选项。

④ 单击"清除列表"按钮,则可以清除列表框中所有选项。

设计步骤如下:

首先是界面设计。

如图 4-15 所示,在窗体上添加 1 个文本框控件,2 个标签控件,3 个命令按钮控件,1 个组合框控件和 1 个列表框控件,并按照表 4-3 设置相关属性。

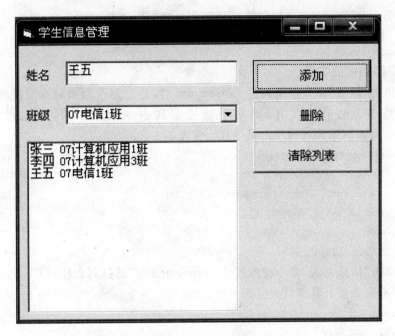

图 4-15 学生信息管理程序

表 4-3 【案例 4-4】相关属性设置

控件名称	属性	值
Form1	Caption	学生信息管理
Label1	Caption	姓名
Label2	Caption	班级
Command1	Caption	添加
Command2	Caption	删除
Command3	Caption	清除列表
Combo1	List(0)	07 计算机应用 1 班
	List(1)	07 计算机应用 2 班
	List(2)	07 计算机应用 3 班
	List(3)	07 电信 1 班
	List(4)	07 电信 2 班

其次是代码设计。

①"添加"功能的实现。

分析:单击"添加"命令按钮控件 Command1 时,分别取得文本框控件 Text1 与组合框控件 Combo1 当前 Text 属性的内容,如果内容都不为空,即输入了新的数据,则通过列表框的 AddItem 方法把数据添加到列表框中。具体代码实现如下:

```
Private Sub Command1_Click()
    If Text1.Text<>"" And Combo1.Text<>"" Then
```

```
        List1.AddItem Text1.Text&""&Combo1.Text
    End If
End Sub
```

②"删除"功能的实现。

分析:单击"删除"命令按钮控件 Command2 时,首先判断当前列表框控件中是否有列表项被选中。如果确实有,则取得被选中列表项的索引号,并通过列表框的 RemoveItem 方法删除该列表项。具体代码实现如下:

```
Private Sub Command2_Click()
    If List1.ListIndex>-1 Then
        List1.RemoveItem List1.ListIndex
    End If
End Sub
```

③"清除列表"功能的实现。

分析:单击"清除列表"命令按钮控件 Command3 时,通过列表框的 Clear 方法清除列表框中的所有列表项。具体代码实现如下:

```
Private Sub Command3_Click()
    List1.Clear
End Sub
```

4.2.4 滚动条

1. 滚动条控件

滚动条通常用来附在窗口中帮助观察数据或确定位置,也可用来作为数据输入的工具,因此被广泛地用于 Windows 应用程序中。滚动条分为水平滚动条(HScrollBar)和垂直滚动条(VScrollBar)两种,其具体结构和使用方法相同,如图 4-16 所示。

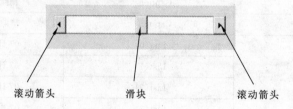

滚动箭头   滑块   滚动箭头

图 4-16 水平滚动条控件

1) 常用属性

(1) **Max 属性** 设置滚动条控件能表示的最大值,最大取值范围为 $-32\,768 \sim 32\,767$。

(2) **Min 属性** 设置滚动条控件能表示的最小值,取值范围与 Max 相同。

(3) **Value 属性** 返回或设置滚动条控件的当前值,由滚动条滑块的当前位置决定,其值介于 Min 和 Max 之间。

(4) **LargeChange 属性** 设置当用户单击滚动条滑块与滚动箭头之间的区域时,滚动条控件 Value 属性的改变量。

（5）**SmallChange 属性** 设置当用户单击滚动箭头时，滚动条控件 Value 属性的改变量。

2）常用事件

（1）**Change 事件** 当滚动条控件滑块所处的位置发生变化，引起 Value 属性值发生改变时，触发该事件。

（2）**Scroll 事件** 当滚动条控件滑块被拖动时，触发该事件。单击滚动箭头或滚动条时不会发生 Scroll 事件。

Scroll 事件用于跟踪滚动条中的动态变化，而 Change 事件则用来得到滚动条控件最后的值。

【案例 4-5】 简易调色板程序。

如图 4-17 所示，文本框中的背景颜色随滚动条控件滑块的变化而变化，三个水平滚动条分别控制 RGB 颜色的红色、绿色、蓝色分量，并在其右侧对应的文本框中显示当前某分量的数值。

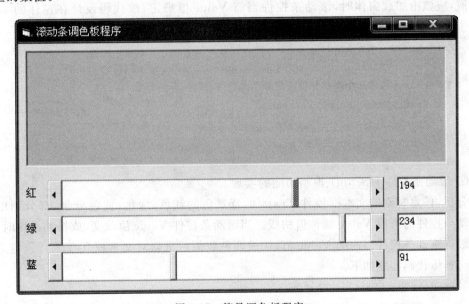

图 4-17　简易调色板程序

其设计步骤如下。

首先是界面设计。

如图 4-17 所示，在窗体上添加三个标签控件，三个滚动条控件和三个文本框控件（中间显示颜色的文本框控件名称修改为 BkText），并按照表 4-4 设置相关属性。

表 4-4　【案例 4-5】相关属性设置

控件名称	属性	值
Form1	Caption	"滚动条调色板程序"
Label1	Caption	"红"
Label2	Caption	"绿"

续表

控件名称	属性	值
Label3	Caption	"蓝"
HScroll1	Min	0
	Max	255
HScroll2	Min	0
	Max	255
HScroll3	Min	0
	Max	255

其次是代码设计。

① 设置文本框 Text4 初始背景颜色,文本框控件 Text1,Text2,Text3 的初始数值。

分析:文本框的初始背景颜色(BackColor)与文本框控件 Text1,Text2,Text3 的初始数值,应该由加载窗体时,滚动条控件当前 Value 值确定,故代码设计在窗体的 Load 事件中。具体代码实现如下:

```
Private Sub Form_Load()
    BkText.BackColor=RGB(HS(0).Value,HS(1).Value,HS(2).Value)
    'RGB 函数的三个参数分别指定颜色的红色、绿色、蓝色分量
    Text1.Text=HScroll1.Value
    Text2.Text=HScroll2.Value
    Text3.Text=HScroll3.Value
End Sub
```

② 滚动条控件 HScroll1 控制功能的实现。

分析:任意时刻的文本框控件 Text4 的背景色的红色、绿色、蓝色分量,都分别由三个滚动条控件的当前 Value 属性值构成。当滚动条控件 Value 值改变,或拖动滑块时,都应该取得滚动条控件当前的 Value 值,构成颜色数值后重新对文本框 Text4 背景色进行赋值。具体代码实现如下:

```
Private Sub HScroll1_Change()
    Text4.BackColor=RGB(HScroll1.Value,HScroll2.Value,HScroll3.Value)
    Text1.Text=HScroll1.Value
End Sub
Private Sub HScroll1_Scroll()
    HScroll1_Change
    '与 Change 事件过程的代码一样,故可直接调用 Change 事件过程
End Sub
```

③ 其他两个滚动条控件 HScroll2 与 HScroll3 的思路和代码与 HScroll1 相同。具体代码实现如下:

```
Private Sub HScroll2_Change()
    Text4.BackColor=RGB(HScroll1.Value,HScroll2.Value,HScroll3.Value)
    Text2.Text=HScroll2.Value
```

```
End Sub
Private Sub HScroll2_Scroll()
    HScroll2_Change
End Sub
Private Sub HScroll3_Change()
    Text4.BackColor=RGB(HScroll1.Value,HScroll2.Value,HScroll3.Value)
    Text3.Text=HScroll3.Value
End Sub
Private Sub HScroll3_Scroll()
    HScroll3_Change
End Sub
```

4.3 设计与实现

4.3.1 设计思路

根据圆半径求周长和体积,首先必须取得用户输入的半径数值是多少,然后再根据相应的公式进行计算,得出周长和面积的结果,最后再把计算结果显示在指定的控件上。

4.3.2 设计步骤

1. 界面设计

如图 4-1 所示,在窗体上添加三个标签控件、三个文本框控件和两个命令按钮,并按照表 4-5 设置相关属性。

表 4-5 【案例 4-1】相关属性设置

控件名称	属性	值
Form1	Caption	"滚动条调色板程序"
Label1	Caption	"半径"
Label2	Caption	"周长"
Label3	Caption	"面积"
Text1	Text	"0"
Text2	Text	"0"
Text3	Text	"0"
Command1	Caption	"计算"
Command2	Caption	"退出"

2. 代码设计

1)"计算"功能的实现

分析:单击"计算"命令按钮控件 Command1 时,先取得文本框控件 Text1 中 Text 属

性的内容(即半径),再根据公式计算出圆的周长和面积并显示在 Text2 和 Text3 中。具体代码实现如下:

```
Private Sub Command1_Click()
        Dim r As Single
        r=CSng(Text1.Text)
        Text2.Text=CStr(2*3.14*r)
        Text3.Text=CStr(3.14*r*r)
    End Sub
```

2)"退出"功能的实现

分析:单击"退出"命令按钮控件 Command2 时,退出程序。具体代码实现如下:

```
Private Sub Command2_Click()
        End
    End Sub
```

4.4 知 识 进 阶

4.4.1 控件数组

控件数组是由一组相同类型的控件组成的,它们是共用一个控件名的数组集合。控件数组适用于若干个控件执行的操作相同或相似的场合。控件数组通过索引号(属性中的 Index)来标识各控件,并共享同样的事件过程。数组中的某个控件用数组名加下标进行表示,如 Text1(0),Text1(1),Text1(2) 等。

控件数组是针对控件建立的,因此与普通数组的定义不一样。可以通过以下两种方法来建立控件数组。

第一种方法,步骤如下:

(1) 在窗体上画出作为数组元素的各个控件;

(2) 单击要包含到数组中的某个控件,将其激活;

(3) 在属性窗口中选择"(名称)"属性,并键入控件的名称;

(4) 对每个要加到数组中的控件重复(2)、(3)步,键入与第(3)步中相同的名称。

当对第二个控件键入与第一个控件相同的名称后,Visual Basic 将显示一个对话框,询问是否确实要建立控件数组。单击"是"将建立控件数组,单击"否"则放弃建立操作。

第二种方法,步骤如下:

(1) 在窗体上画出一个控件,将其激活;

(2) 执行"编辑"菜单中的"复制"命令(热键为 Ctrl+C),将该控件放入剪贴板;

(3) 执行"编辑"菜单中的"粘贴"命令(热键为 Ctrl+V),将显示一个对话框,询问是否建立控件数组;

(4) 单击对话框中的"是"按钮,窗体的左上角将出现一个控件,它就是控件数组的第二个因素,执行"编辑"菜单中的"粘贴"命令,或按热键 Ctrl+V,建立控件数组中的其他元素。

提示：控件数组建立后，只要改变一个控件的"Name"属性值，并把 Index 属性置为空（不是 0），就能把该控件从控件数组中排除。

控件数组中的控件共享相同的事件过程，通过 Index 属性可以决定控件数组中的相应控件所执行的操作。

4.4.2 焦点

用下面的方法可以设置一个对象的焦点：

（1）在运行时单击该对象；

（2）运行时用快捷键选择该对象；

（3）在程序代码中使用 SetFocus 方法。

4.4.3 Tab 顺序

Tab 顺序是在按 Tab 键时焦点在控件间移动的顺序。当窗体上有多个控件时，用鼠标单击某个控件，就可把焦点移到该控件中（控件中有获得焦点的方法）或者使该控件成为活动控件。除鼠标外，用 Tab 键也可以把焦点移到某个控件中。每按一次 Tab 键，可以使焦点从一个控件移到另一个控件。所谓 Tab 顺序，就是指焦点在各个控件之间移动的顺序。

4.5 项目实战

4.5.1 实战 1

【案例 4-6】 移动列表框中的项目。

1. 功能要求

如图 4-18 所示，实现以下功能：

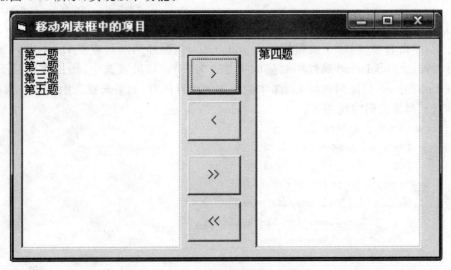

图 4-18 移动列表框中的项目

（1）单击命令按钮">"，将 List1 中所选中的项目移动到 List2 中；

（2）单击命令按钮"<"，将 List2 中所选中的项目添加到 List1 中；

（3）单击命令按钮">>"，将 List1 中全部项目移动到 List2 中；

（4）单击命令按钮"<<"，将 List2 中全部项目移动到 List1 中。

2. 设计与实现

1）界面设计

如图 4-18 所示，在窗体上添加 2 个列表框控件和 4 个命令按钮控件，并按照表 4-6 设置相关属性。

表 4-6　【案例 4-6】相关属性设置

控件名称	属性	值
Form1	Caption	"移动列表框中的项目"
List1	List	"第一题"
		"第二题"
		"第三题"
		"第四题"
		"第五题"
	MutiSelect	2
List2	MutiSelect	2
Command1	Caption	">"
Command2	Caption	"<"
Command3	Caption	">>"
Command4	Caption	"<<"

2）代码设计

（1）右移'>'功能的实现。

分析：单击右移'>'命令按钮控件 Command1 时，循环判断列表框 List1 中的每一个项目是否被选中（Selected 属性中对应的项是否为真）。如果被选中，则把该项目添加到列表框 List2 中，并删除列表框 List1 中的原本的项目内容，如果未被选中，则继续判断下一个项目。具体代码实现如下：

```
Private Sub Command1_Click()
    Dim i As Integer
    i=0
    Do While i <List1.ListCount
        If List1.Selected(i) Then
            List2.AddItem List1.List(i)
            List1.RemoveItem i
        Else
            i=i+1
```

```
        End If
    Loop
End Sub
```

（2）**左移'〈'功能的实现。**

分析：单击左移'〈'命令按钮控件 Command2 时，循环判断列表框 List2 中的每一个项目是否被选中（Selected 属性中对应的项是否为真）。如果被选中，则把该项目添加到列表框 List1 中，并删除列表框 List2 中的原本的项目内容，如果未被选中，则继续判断下一个项目。具体代码实现如下：

```
Private Sub Command2_Click()
    Dim i As Integer
    i=0
    Do While i <List2.ListCount
        If List2.Selected(i) Then
            List1.AddItem List1.List(i)
            List2.RemoveItem i
        Else
            i=i+1
        End If
    Loop
End Sub
```

（3）**全部右移'〉〉'功能的实现。**

分析：单击全部右移'〉〉'命令按钮控件 Command3 时，循环将列表框 List1 中的每一个项目都添加到列表框 List2 中，最后清除列表框 List1 中的所有项目内容。具体代码实现如下：

```
Private Sub Command3_Click()
    Dim i As Integer
    For i=0 To List1.ListCount-1
        List2.AddItem List1.List(i)
    Next
    List1.Clear
End Sub
```

（4）**全部左移'〈〈'功能的实现。**

分析：单击全部左移'〉〉'命令按钮控件 Command4 时，循环将列表框 List2 中的每一个项目都添加到列表框 List1 中，最后清除列表框 List2 中的所有项目内容。具体代码实现如下：

```
Private Sub Command4_Click()
    Dim i As Integer
    For i=0 To List2.ListCount-1
        List1.AddItem List2.List(i)
    Next
    List2.Clear
End Sub
```

4.5.2 实战2

【案例 4-7】 用控件数组实现【案例 4-5】的简易调色板程序。

1. 功能要求

如图 4-17 所示,文本框中的背景颜色随滚动条控件滑块的变化而变化,三个水平滚动条分别控制 RGB 颜色的红色、绿色、蓝色分量,并在其右侧对应的文本框中显示当前某分量的数值。

2. 设计与实现

1) 界面设计

如图 4-17 所示,在窗体上添加 3 个标签控件,3 个滚动条控件和 4 个文本框控件,中间显示颜色的文本框控件名称修改为 BkText,将 3 个滚动条控件和右侧 3 个文本框控件设置为控件数组,控件数组名分别为 HS 和 TXT,并按照表 4-7 设置相关属性。

表 4-7 【案例 4-7】相关属性设置

控件名称	属性	值
Form1	Caption	"滚动条调色板程序"
Label1	Caption	"红"
Label2	Caption	"绿"
Label3	Caption	"蓝"
HS(0)	Min	0
	Max	255
HS(1)	Min	0
	Max	255
HS(2)	Min	0
	Max	255

2) 代码设计

(1) 设置文本框控件 BkText 初始背景颜色,文本框控件数组 TXT 的初始数值。

分析:可利用 For 循环设置文本框控件数组 TXT 中每个控件的 Text 属性值。故将【案例 4-4】的该部分代码修改如下:

```
Private Sub Form_Load()
    Dim i as Integer
    BkText.BackColor=RGB(HS(0).Value,HS(1).Value,HS(2).Value)
    For i=0 To 2
    TXT(i).Text=HS(i).Value
    Next
End Sub
```

（2）滚动条控件控制功能的实现。

分析：使用控件数组后，三个滚动条控件的事件过程可以合并成一个，可以通过参数回传的 Index 值来了解具体是哪个索引号的滚动条控件触发了事件。故可将【案例 4-4】的该部分代码修改如下：

```
Private Sub HS_Change(Index As Integer)
    BkText.BackColor=RGB(HS(0).Value,HS(1).Value,HS(2).Value)
    TXT(Index).Text=HS(Index).Value
End Sub
Private Sub HS_Scroll(Index As Integer)
    BkText.BackColor=RGB(HS(0).Value,HS(1).Value,HS(2).Value)
    TXT(Index).Text=HS(Index).Value
End Sub
```

4.6　小　　结

本章主要是介绍 VB 6.0 中的一些常用的控件。我们在前面的章节中知道，VB 语言是一种面向对象的程序设计语言，而控件就是一种对象，所以我们学习掌握控件，同样也是从介绍控件对象的属性，方法和事件这三个方面着手，并辅以一些例题。

当然除了本章中介绍的以外，这些控件还有其他更多的一些属性，方法和事件，不过因为章节内容大小的限制，我们不可能全部把它们涵盖在一本教材里面，如果要更多地了解他们，就需要大家在课外也多注意，多了解，多熟悉，多积累相关知识。

第5章

Visual Basic菜单设计与MDI的应用

5.1 典型项目1：文本编辑器

【案例5-1】 带菜单的文本编辑器。

如图5-1所示，通过"文件"菜单里的"新建"来清空文本框的内容，通过"颜色"菜单来更改文本框中字体的颜色，通过"字体"菜单来更改文本框中字体的名称和字号大小。当文本框中内容为空时，"颜色"和"字体"菜单不可用，当文本框中内容不为空时将"颜色"和"字体"菜单改为可用，如图5-2所示。

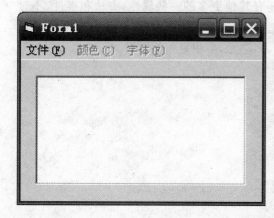

图5-1 文本编辑器

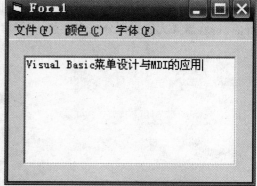

图5-2 文本编辑器

5.2 必备知识1

菜单编辑器是VB系统提供的一个设计应用程序菜单的工具。在菜单栏上选择"工具→菜单编辑器..."选项，或在标准工具栏上单击"菜单编辑器"按钮，可以弹出"菜单编辑器"对话框窗口，如图5-3所示。

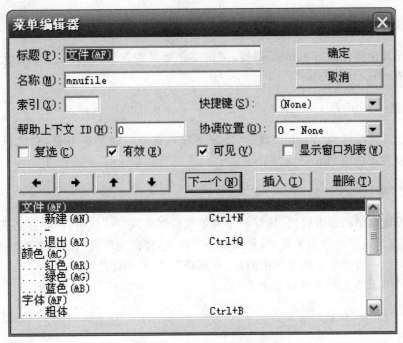

图 5-3　菜单编辑器

1. 常用属性

1）标题（Caption）

用于输入菜单上显示的标题，例如图中的"文件"、"新建"等。

2）名称（Name）

菜单的名称，相当于控件的 Name 属性，每个菜单项都必须有名称属性，例如图中的"mnufile"等。

3）索引（Index）

和控件数组类似，用于设置菜单控件数组的下标。

4）快捷键（Shortcut）

允许为菜单项进行快捷键的设置，当鼠标失效时可用对应的快捷键进行操作，例如"新建"对应的快捷键就是"Ctrl＋N"。

注意：顶层菜单不允许设置快捷键，但可以设置访问键。例如图中顶层菜单"文件"不允许设置快捷键，但可以设置访问键"F"。

5）复选（Checked）

选中该选项时可以在菜单项前面加一个复选标记"√"，在代码中设置此属性时对应为逻辑值"True"或"False"。

6）有效（Enabled）

类似于其他控件的"Enabled"属性,决定菜单项是否有效,在代码中设置此属性时对应为逻辑值"True"或"False"。

7）可见（Visible）

类似于其他控件的"Visible"属性,决定菜单项在运行时是否可见,在代码中设置此属性时对应为逻辑值"True"或"False"。

8）"←"和"→"按钮

用于设置菜单的缩进级别,建好一个菜单项后如果按"→"按钮,将向右缩进一级并加上"···",表示该菜单项为子菜单;如果按"←"按钮,将向左缩进一级并去掉"···",表示该菜单项为上一级菜单。例如图中的"···新建"、"···退出"等。

注意:VB最多允许有6级菜单。

9）"↑"和"↓"按钮

用于改变菜单项的顺序位置。

10）"下一个"按钮

当设置好一个菜单项后单击此按钮可以设置下一个菜单项的属性。

11）"插入"按钮

用于在选定的菜单项前插入一个新的菜单项,并且新菜单项与选定的菜单项具有相同级别。

12）"删除"按钮

用于删除选定的菜单项。

2. 分隔菜单项与设置菜单访问键

1）分隔条的制作

插入一个菜单项,在标题栏中输入"一",在名称栏中输入一个名称。分隔条不响应事件。

2）设置菜单访问键

在菜单项的标题后面连接一个"&"字符和一个英文字母即可。例如图中的"文件(&F)"、"颜色(&C)"等。

3. 常用事件

Click 事件　当某个菜单项被单击时,触发 Click 事件。

5.3 设计与实现1

1. 界面设计

如图 5-1 所示,在窗体上添加 1 个文本框控件,设置 Text 属性为"Visual Basic 菜单设计与 MDI 的应用",设置 MultiLine 属性为 True。

打开菜单编辑器窗口,按表 5-1 设置各菜单项属性。

表 5-1 文本编辑器菜单项设置

菜单项	标题	名称	快捷键
文件(F)	文件(&F)	mnufile	
··新建(N)	新建(&N)	mnunew	Ctrl+N
··—	—	mnuf1	
··退出(X)	退出(&X)	mnuexit	Ctrl+Q
颜色(C)	颜色(&C)	mnucolor	
··红色(R)	红色(&R)	mnured	
··绿色(G)	绿色(&G)	mnugreen	
··蓝色(B)	蓝色(&B)	mnublue	
字体(F)	字体(&F)	mnufont	
··粗体	粗体	mnubold	Ctrl+B
··斜体	斜体	mnuitalic	Ctrl+I
··字体名	字体名	mnufontname	
···隶书	隶书	mnuls	
···黑体	黑体	mnuht	
··—	—	mnuf2	
··字号	字号	mnufontsize	
···10	10	mnu10	
···14	14	mnu14	
···20	20	mnu20	

2. 代码设计

```
Private Sub mnunew_Click()
    Text1.Text=""    '新建菜单项的功能是把文本框内容清空
    mnucolor.Enabled=False
    mnufont.Enabled=False
End Sub
Private Sub mnuexit_Click()
    End
End Sub
Private Sub mnured_Click()
```

```
    Text1.ForeColor=vbRed        '文本框中字体的颜色就是文本框的前景色
End Sub
Private Sub mnugreen_Click()
    Text1.ForeColor=vbGreen
End Sub
Private Sub mnublue_Click()
    Text1.ForeColor=vbBlue
End Sub
Private Sub mnubold_Click()
    '单击"粗体"菜单项后使复选属性取相反的值
    mnubold.Checked=Not mnubold.Checked
    If mnubold.Checked=True Then
        Text1.FontBold=True      '"粗体"菜单项复选属性为真时将文本框的字体改为粗体
    Else
        Text1.FontBold=False     '"粗体"菜单项复选属性为假时取消文本框的粗体字体
    End If
End Sub
Private Sub mnuitalic_Click()
    '单击"斜体"菜单项后使复选属性取相反的值
    mnuitalic.Checked=Not mnuitalic.Checked
    If mnuitalic.Checked=True Then
        Text1.FontItalic=True    '"斜体"菜单项复选属性为真时将文本框的字体改为斜体
    Else
        Text1.FontItalic=False   '"斜体"菜单项复选属性为假时取消文本框的斜体字体
    End If
End Sub
Private Sub mnuls_Click()
    Text1.FontName="隶书"
End Sub
Private Sub mnuht_Click()
    Text1.FontName="黑体"
End Sub
Private Sub mnu10_Click()
    Text1.FontSize=10
End Sub
Private Sub mnu14_Click()
    Text1.FontSize=14
End Sub
Private Sub mnu20_Click()
    Text1.FontSize=20
End Sub
Private Sub Text1_Change()
```

```
    If Text1.Text="" Then
        '如果文本框内容为空,将"颜色"和"字体"菜单的有效属性设置为假
        mnucolor.Enabled=False
        mnufont.Enabled=False
    Else
        '如果文本框内容不为空,将"颜色"和"字体"菜单的有效属性设置为真
        mnucolor.Enabled=True
        mnufont.Enabled=True
    End If
End Sub
```

5.4　典型项目2:快捷菜单

【案例5-2】 建立快捷菜单。

如图5-4所示,在窗体上单击鼠标右键弹出快捷菜单用于修改标签的颜色。如图5-5所示,在标签上单击鼠标右键弹出快捷菜单用于修改标签的字体大小。

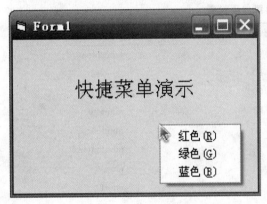 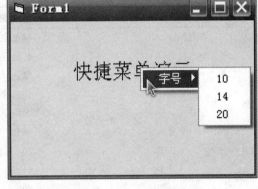

图5-4　快捷菜单应用　　　　　　　　　　图5-5　快捷菜单应用

5.5　必备知识2

除上面我们看到的下拉式菜单以外,Windows中还经常使用快捷菜单,也称为弹出式菜单。

设计快捷菜单分为两个步骤:

(1)使用菜单编辑器事先创建好需要弹出的快捷菜单,并且将顶层菜单或主菜单的可见属性设置为False;

(2)在窗体或其他控件的MouseUp事件过程中使用PopupMenu方法弹出需要的快捷菜单。

1. 常用事件

制作快捷菜单会用到MouseDown或MouseUp事件,但考虑到大多数情况下是松开鼠标右键才弹出菜单,所以主要是在MouseUp事件中编写代码。

2．常用方法

```
PopupMenu<菜单名>[,flags][,x,y][,Boldcommand]
```

（1）"菜单名"：是事先设计好的至少有一个子菜单的顶层菜单或主菜单。

（2）flags：此参数为常量用来设置菜单的位置及行为。

（3）x,y：快捷菜单弹出的坐标位置。

5.6 设计与实现 2

1．界面设计

如图 5-3 所示，在窗体上添加 1 个标签控件，设置标签的 Caption 属性为"快捷菜单演示"，然后打开菜单编辑器并按表 5-2 设置快捷菜单项，并将"颜色"和"字体"两个顶层菜单的可见属性设置为 False。

表 5-2 快捷菜单项设置

菜单项	标题	名称
颜色	颜色	mnucolor
…红色(R)	红色(&R)	mnured
…绿色(G)	绿色(&G)	mnugreen
…蓝色(B)	蓝色(&B)	mnublue
字体	字体	mnufont
…字号	字号	mnufontsize
… … …10	10	mnu10
… … …14	14	mnu14
… … …20	20	mnu20

2．代码设计

```
'修改标签的颜色
Private Sub mnured_Click()
    Label1.ForeColor=vbRed
End Sub
Private Sub mnugreen_Click()
    Label1.ForeColor=vbGreen
End Sub
Private Sub mnublue_Click()
    Label1.ForeColor=vbBlue
End Sub
'修改标签的字体大小
Private Sub mnu10_Click()
```

```
    Label1.FontSize=10
End Sub
Private Sub mnu14_Click()
    Label1.FontSize=14
End Sub
Private Sub mnu20_Click()
    Label1.FontSize=20
End Sub
'在窗体上单击鼠标右键弹出颜色快捷菜单
Private Sub Form_MouseUp(Button As Integer,Shift As Integer,X As Single,Y As Single)
    If Button=2 Then PopupMenu mnucolor
End Sub
'在标签上单击鼠标右键弹出字体快捷菜单
Private Sub Label1_MouseUp(Button As Integer,Shift As Integer,X As Single,Y As Single)
    If Button=2 Then PopupMenu mnufont
End Sub
```

5.7 典型项目3：多文档界面 MDI

【案例 5-3】 制作多文档界面 MDI。

如图 5-6 所示，通过"文件"菜单里的"新建"来新建一个 MDI 子窗体，通过"排列窗口"菜单里的选项来更改多个子窗体的排列方式。

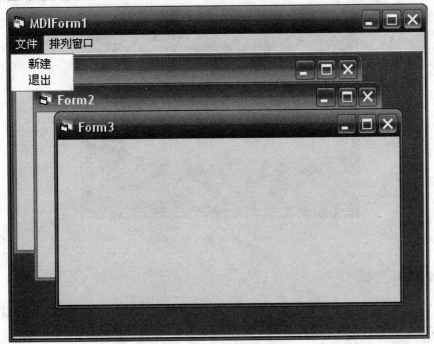

图 5-6　MDI 多文档界面设计

5.8 必备知识3

1. MDI 窗体

MDI 窗体也叫多文档界面窗体,它允许在一个窗体中包含多个子窗体,并可以同时打开和使用。MDI 窗体也叫"父窗体",如图 5-7 就是一个 MDI 父窗体。普通窗体通过设置 MDIChild 属性可以变成"子窗体",如图 5-8 的普通窗体 Form1 通过设置 MDIChild 属性为 True 变为如图 5-9 的子窗体。一个应用程序可以有多个子窗体,但只能有一个 MDI 父窗体。

图 5-7 MDI 父窗体

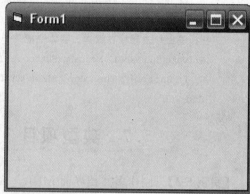

图 5-8 MDI 子窗体

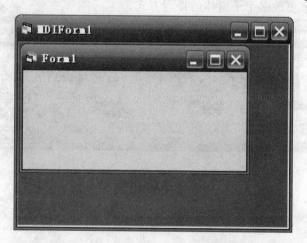

图 5-9 MDI 多文档界面

2. 添加 MDI 窗体

在 VB 的标准工具栏中单击"添加窗体"按钮右边的小箭头，弹出如图 5-10 的下拉菜单,在下拉菜单中选择"添加 MDI 窗体",弹出如图 5-11 的对话框,选择"MDI 窗体"然后单击打开按钮即可。

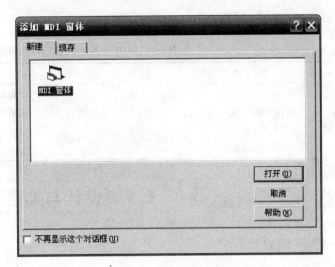

图 5-10 添加 MDI 窗体   图 5-11 添加 MDI 窗体

3. 常用属性

其常用属性为 MDIChild 属性。

该属性只应用于普通窗体,决定一个普通窗体是否为一个 MDI 子窗体。当一个窗体的 MDIChild 属性为 True 时,该窗体为一个 MDI 子窗体。新添加窗体的 MDIChild 属性默认为 False。MDI 子窗体实际上是一个 MDIChild 属性为 True 的普通窗体。

如图 5-12 中的普通窗体 Form1 通过设置 MDIChild 属性为 True 后变成如图 5-13 中的 MDI 子窗体,图标也发生相应变化。

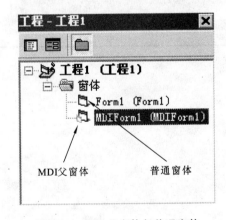

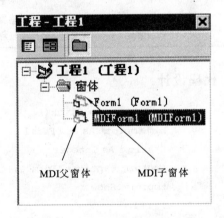

图 5-12 MDI 父窗体与普通窗体   图 5-13 MDI 父窗体与子窗体

4. 常用方法

常用方法为 Arrange 方法。该方法用来重新排列 MDI 子窗体的窗口或图标。其格式为

<MDI 窗体名>.Arrange<排列方式>

"排列方式"的参数见表 5-3。

表 5-3　MDI 子窗体的窗口排列方式参数表

常　　数	值	功　　能
vbCascade	0	层叠非最小化的所有的子窗体
vbTileHorizontal	1	水平平铺非最小化的所有子窗体
vbTileVertical	2	垂直平铺非最小化的所有子窗体
vbArrangeIcons	3	重新排列最小化后的子窗体的图标

5.9　设计与实现 3

1. 界面设计

如图 5-5 所示,新建一个窗体 Form1,添加一个 MDI 父窗体,将 Form1 设置为 MDI 子窗体。选中 MDI 父窗体,打开菜单编辑器并按表 5-4 建立 MDI 窗体的菜单。

表 5-4　MDI 父窗体菜单设置

菜单项	标题	名称
文件	文件	mnufile
···新建	新建	mnunew
···退出	退出	mnuexit
排列窗口	排列窗口	mnuarrange
···层叠窗口	层叠窗口	mnucd
···水平平铺	水平平铺	mnusp
···垂直平铺	垂直平铺	mnucz
···排列图标	排列图标	mnutb

2. 代码设计

```
Private Sub mnunew_Click()
    Dim tmpform As New Form1
    Static i As Integer
    tmpform.Caption="Form"&i+1
    tmpform.Show
    i=i+1
End Sub
Private Sub mnuexit_Click()
    End
End Sub
Private Sub mnucd_Click()
    MDIForm1.Arrange 0
End Sub
```

```
Private Sub mnusp_Click()
    MDIForm1.Arrange 1
End Sub
Private Sub mnucz_Click()
    MDIForm1.Arrange 2
End Sub
Private Sub mnutb_Click()
    MDIForm1.Arrange 3
End Sub
```

5.10 知识进阶:创建图形菜单

前面我们做的菜单项都是以文本的形式显示出来,但在很多应用程序中菜单项的前面都有一个图标。接下来我们就通过一个案例来说明实现的方法。

【案例5-4】 创建图形菜单。

如图5-14和图5-15所示,给"文件"和"编辑"菜单下的菜单项添加图形化图标。

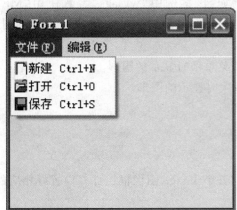
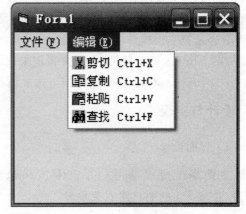

图5-14 图形菜单　　　　　图5-15 图形菜单

1. 必备知识

1) API函数:GetMenu

该函数的功能用来获取窗体菜单的句柄。

格式:Private Declare Function GetMenu Lib "user32"(ByVal hwnd As Long)As Long

参数说明:参数"hwnd"用来指定菜单的窗口句柄。

2) API函数:GetSubMenu

该函数的功能用来获取顶层菜单的句柄。参数"hwnd"用来指定菜单的窗口句柄。

格式:Private Declare Function GetSubMenu Lib "user32"(ByVal hMenu As Long,ByVal nPos As Long)As Long

参数说明：

（1）hMenu：用来指定顶层菜单的窗口句柄。

（2）nPos：用来指定顶层菜单在窗体菜单中的位置。例如：该案例中 0 表示第一个顶层菜单"文件"，1 表示第二个顶层菜单"编辑"。

3）API 函数：SetMenuItemBitmaps

该函数的功能用来为菜单项添加图形化的图标。

格式：`Private Declare Function SetMenuItemBitmaps Lib "user32"(ByVal hMenu As Long,ByVal nPosition As Long,ByVal wFlags As Long,ByVal hBitmapUnchecked As Long, ByVal hBitmapChecked As Long)As Long`

参数说明：

（1）hMenu：用来指定顶层菜单的窗口句柄。

（2）nPosition：用来指定菜单项的序号。

（3）wFlags：用来指定 nPosition 参数使用的是菜单项的 ID 号还是顺序号。如果该参数值为"MF_BYCOMMAND"，表示使用菜单项的 ID 号，如果该参数值为"MF_BYPOSITION"表示使用菜单项的顺序号。例如：该案例中"wFlags"参数使用"MF_BYPOSITION"值，"文件"菜单下的 0 表示第一个菜单项"新建"，1 表示第二个菜单项"打开"，2 表示第三个菜单项"保存"。

（4）hBitmapUnchecked：用来指定未选取该菜单项时显示的图形。

（5）hBitmapChecked：用来指定选取该菜单项时显示的图形。

2. 设计与实现

1）界面设计

如图 5-16 所示，新建一个窗体 Form1，添加五个 Image 图像框控件并设置好相应的图片，按表 5-5 的要求建立菜单。

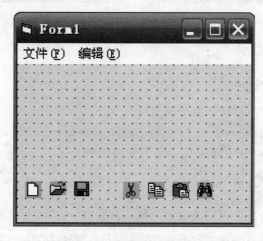

图 5-16　图形菜单界面设计

表 5-5　图形菜单项设置

菜单项	标题	名称	快捷键
文件(F)	文件(&F)	mnufile	
……新建	新建	mnunew	Ctrl+N
……打开	打开	mnuopen	Ctrl+O
……保存	保存	mnusave	Ctrl+S
编辑(E)	编辑(&E)	mnuedit	
……剪切	剪切	mnucd	Ctrl+X
……复制	复制	mnusp	Ctrl+C
……粘贴	粘贴	mnucz	Ctrl+V
……查找	查找	mnutb	Ctrl+F

2）代码设计

```
Option Explicit
Private Declare Function GetMenu Lib"user32"(ByVal hwnd As Long)As Long

Private Declare Function GetSubMenu Lib"user32"(ByVal hMenu As Long,ByVal nPos
As Long)As Long

Private Declare Function SetMenuItemBitmaps Lib"user32"(ByVal hMenu As Long,
ByVal nPosition As Long,ByVal wFlags As Long,_
    ByVal hBitmapUnchecked As Long,ByVal hBitmapChecked As Long)As Long

Const MF_BYPOSITION=&H500&

Private Sub Form_Load()
    Dim mhandle,ret,shandle As Long
    '获得菜单的句柄
    mhandle=GetMenu(hwnd)
    '获得"文件"菜单的句柄
    shandle=GetSubMenu(mhandle,0)
    '为"新建"菜单项添加位图
    ret= SetMenuItemBitmaps(shandle, 0, MF_BYPOSITION, newf.Picture.Handle,
newf.Picture.Handle)
    '为"打开"菜单项添加位图
    ret=SetMenuItemBitmaps(shandle,1,MF_BYPOSITION,openf.Picture,openf.Picture)
    '为"保存"菜单项添加位图
    ret=SetMenuItemBitmaps(shandle,2,MF_BYPOSITION,savef.Picture,savef.Picture)
    '获得"编辑"菜单的句柄
```

```
shandle=GetSubMenu(mhandle,1)
'为"剪切"菜单项添加位图
ret=SetMenuItemBitmaps(shandle,0,2000,cut.Picture,cut.Picture)
'为"复制"菜单项添加位图
ret=SetMenuItemBitmaps(shandle,1,2000,copy.Picture,copy.Picture)
'为"复制"菜单项添加位图
ret=SetMenuItemBitmaps(shandle,2,2000,paste.Picture,paste.Picture)
'为"粘贴"菜单项添加位图
ret=SetMenuItemBitmaps(shandle,3,2000,find.Picture,find.Picture)
End Sub
```

5.11 项目实战：延迟功能的菜单

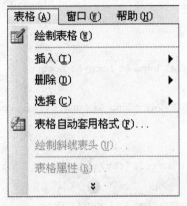

图 5-17　Word 中带延迟功能的菜单

【案例 5-5】　制作带延迟功能的菜单。

如图 5-17 所示，在 Word 等软件中经常会出现带有延迟功能的菜单，当我们打开顶层菜单等待几秒钟或用鼠标单击"⋁"选项后会出现完整的菜单内容。下面我们通过一个具体的项目来说明如何实现这个功能。

如图 5-18 所示，打开"编辑"菜单后等待三秒钟或用鼠标单击"⋁"菜单项后显示如图 5-19 所示的完整的"编辑"菜单内容。用鼠标单击"⋀"菜单项后还原成如图5-17所示的状态。其设计步骤如下。

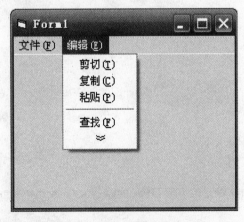

图 5-18　带延迟功能的菜单示例

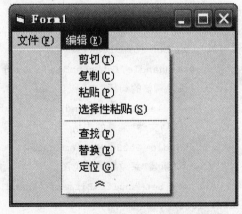

图 5-19　带延迟功能的菜单示例

1. 界面设计

新建一个窗体 Form1，在窗体上放置一个 Timer 定时器控件，设置定时器控件的 Interval 属性为"3000"并按表 5-6 设置窗体菜单。

表 5-6　带延迟功能的菜单项设置

菜单项	标题	名称	可见
文件(F)	文件(&F)	mnufile	True
···新建(N)	新建(&N)	mnunew	True
···-	-	mnuf1	True
···退出(X)	退出(&X)	mnuexit	True
编辑(E)	编辑(&E)	mnuedit	True
···剪切(T)	剪切(&T)	mnucut	True
···复制(C)	复制(&C)	mnucopy	True
···粘贴(P)	粘贴(&P)	mnupaste	True
···选择性粘贴(S)	选择性粘贴(&S)	mnuselepaste	False
···-	-	mnuf2	True
···查找(F)	查找(&F)	mnufind	True
···替换(E)	替换(&E)	mnureplace	False
···定位(G)	定位(&G)	mnulocate	False
···∨	∨	mnuoption	True

2. 代码设计

```
Private Sub mnuedit_Click()          '鼠标单击"编辑"菜单打开定时器
Timer1.Enabled=True
End Sub


Private Sub mnuoption_Click()
If mnuoption.Caption=" ∨ " Then
    mnuselepaste.Visible=True
    mnureplace.Visible=True
    mnulocate.Visible=True
    mnuoption.Caption=" ∧ "
    Timer1.Enabled=False
Else
    mnuselepaste.Visible=False
    mnureplace.Visible=False
    mnulocate.Visible=False
    mnuoption.Caption=" ∨ "
    Timer1.Enabled=False
End If
End Sub


Private Sub Timer1_Timer()
mnuselepaste.Visible=True
```

```
mnureplace.Visible=True
mnulocate.Visible=True
mnuoption.Caption=" ⌃ "
Timer1.Enabled=False
End Sub
```

小　结

　　本章主要是介绍 VB 6.0 中菜单与多文档界面的使用。其中菜单包括下拉式菜单与弹出式菜单,合理的制作菜单可以使程序界面更具有人性化,也能提高程序的使用效率。多文档界面的应用程序可以在一个窗口内同时打开多个窗口,方便用户的操作。

第6章

图形处理技术

6.1 典型项目:在指定的坐标中画圆与扇形

要求:加载窗体时产生坐标系,单击按钮后画出圆与扇形等,如图 6-1 所示。

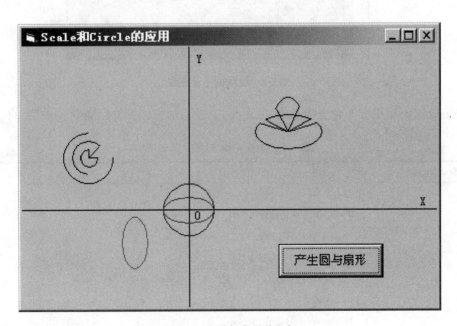

图 6-1 有圆与扇形的坐标

6.2 必备知识

1. 坐标系统

对于对象的摆放及图形的处理工作,其位置与大小是最先需要获得的信息。对象的坐标系统是绘制各种图形的基础。设置坐标系统的目的在于确定容器中点的位置。坐标包括横坐标(x 轴)和纵坐标(y 轴),x 值是指点与原点的水平距离,y 值是指点与原点的垂直距离。坐标系统选择的恰当与否将直接影响着图形的质量和效果。

窗体、框架(Frame)、图片框(Picture Box)等都可以作为其他控件的容器。因此如果在窗体中放置控件或绘图,坐标(x,y)的值就是以窗体为容器;如果在窗体的图片框中绘制控件,坐标(x,y)就以图片框为容器。任何容器的默认坐标系统,都是从容器的左上角(0,0)坐标开始,如图 6-3 所示。

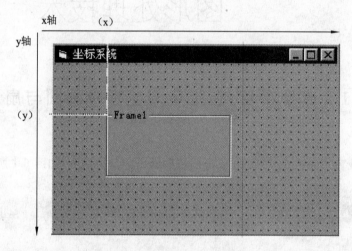

图 6-3 窗体的坐标系统

Visual Basic 中有 8 种坐标系统,见表 6-1。默认的坐标系统以缇(Twip)为单位。

表 6-1 ScaleMode 的值及其说明

ScaleMode	说　明
0	自定义型
1	Twip VB 系统预设值,1 Twip=1/1440 英寸
2	Point 1 英寸=72 Points
3	Pixel 以屏幕的分辨率为单位
4	Character 字符单位,字符的宽度=120 Twips,高度=240 Twips
5	Inches 英寸
6	Milimeter(mm)毫米
7	Centimeter(cm)厘米

用户自定义类型。当用 ScaleWidth,ScaleHeight,ScaleTop,ScaleLeft 设置坐标系统后,ScaleMode 自动设置为 0。

坐标系统的度量单位可通过 ScaleMode 属性来设置,设置对象的 ScaleMode 属性可以改变坐标系统的单位,例如,可以采用像素或毫米为单位。其语法格式为

`[对象].ScaleMode`

ScaleMode 属性值如表 6-2 所示。对象省略时,指当前窗体。

表 6-2 ScaleMode 属性设置值

ScaleMode 属性设置值	常数值	说 明
vbUser	0	自定义坐标系统
vbTwips	1	缇(默认,567 twips/cm,1440 twips/inch)
vbPoints	2	点(72 points/inch)
vbPixels	3	像素(显示器分辨率的最小单位)
vbCharacters	4	字符(水平每个单位等于 120 twips,垂直每个单位等于 240 twips)
vbInches	5	英寸
vbMillimeters	6	毫米
vbCentimeters	7	厘米

例如,设置图片框 Picture1 的刻度单位为像素:

```
Picture1.ScaleMode=3
```

Scale 方法用于为窗体、图片框或 Printer 对象设置新的坐标系统,其语法格式为

```
[对象].Scale(x1,y1)-(x2,y2)
```

其中,(x1,y1)设置对象的左上角坐标,(x2,y2)设置对象右下角坐标。使用 Scale 方法将把对象在 x 方向上分为 x2-x1 等分,在 y 方向上分为 y2-y1 等分。使用 Scale 方法将自动把 ScaleMode 属性设置为 0。

例如,将窗体 Form1 的左上角和右下角设置为(100,100)和(200,200),则窗体为 100 单位宽和 100 单位度:

```
Form1.Scale(100,100)-(200,200)
```

左上角的水平和垂直坐标可以分别用 ScaleLeft 和 ScaleTop 来指定,右下角水平和垂直坐标则可以用 ScaleWidth 和 ScaleHeight 指定。例如下述代码:

```
Form1.ScaleLeft=100
Form1.ScaleTop=100
Form1.ScaleWidth=200
Form1.ScaleHeight=200
```

与上面 Form1 的 Scale 方法指定效果是一样的。

CurrentX 和 CurrentY 属性用于表示当前点的水平和垂直坐标,即下一次打印或绘图的起点坐标,在设计时不可以用。

2. 绘图方法

在 VB 中除了用绘图控件绘图外,还可以用绘图方法绘图。这些方法不仅能制作多种图案,通过参数的选用还可变化出不同的花样。

VB 给用户提供了以下常用绘图方法。

1) Cls 方法(清除)

Cls 方法用于清除所有图形方法和 Print 方法显示的文本或图形,并将光标移动到原点位置。其语法格式为

```
[对象.]Cls
```

例如,清除图像框中的文本或图画:

```
Picture1.Cls
```

值得注意的是,Cls 方法的使用与 AutoRedraw 属性的设置有很大关系。如果调用 Cls 之前,AutoRedraw 属性设置为 False,则 Cls 不能清除在 AutoRedraw 属性设置为 True 时产生的图形和文本。如果调用 Cls 之前,AutoRedraw 属性设置为 True,则 Cls 可以清除所有运行时产生的图形和文本。

2) Line 方法(画线)

Line 方法可以在对象上的两点之间画直线或矩形,格式为

```
[对象.]Line[[Step](x1,y1)]-[Step](x2,y2)[,颜色][,B[F]]
```

说明:

(1)(x1,y1)为起点坐标,(x2,y2)为终点坐标,如果省略(x1,y1),则起点位于由 CurrentX 和 CurrentY 指示的位置。带 Step 关键字表示与当前坐标的相对位置。

(2) B 为可选项。省略此项是画直线,如果选择 B 则以(x1,y1)为左上角坐标、(x2,y2)为右下角坐标画出矩形。F 选项规定矩形以矩形边框的颜色填充。

执行 Line 方法后,CurrentX 和 CurrentY 属性被设置为终点,利用此特性可用 Line 方法画连接线。

【案例 6-1】 利用 Line 方法在窗体上画三个矩形方框,如图 6-4 所示。

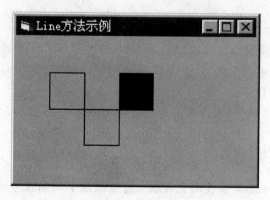

图 6-4 三个矩形

程序代码如下:

```
Private Sub Form_Click()
Line(500,500)-Step(500,0)
Line-Step(0,500)
Line-Step(-500,0)
Line-Step(0,-500)
Line(1000,1000)-Step(500,500),,B
Line(1500,500)-(2000,1000),,BF
End Sub
```

3）Circle 方法（画圆）

Circle 方法可以在对象上画圆、椭圆或圆弧，格式为

　　[对象.]Circle[Step](x,y),半径[,颜色,起点,终点,纵横比]

说明：

（1）（x,y）是圆、椭圆或圆弧的中心坐标，带 Step 关键字时表示与当前坐标的相对位置，半径是圆、椭圆或圆弧的半径；

（2）起点、终点指定（以弧度为单位）弧或扇形的起点以及终点位置，其范围从 -2π 到 2π。起点的缺省值是 0，终点的缺省值是 2π，正数画弧，负数画扇形；

（3）纵横比为垂直半径与水平半径之比，不能为负数，当纵横比大于 1 时，椭圆沿垂直方向拉长；当纵横比小于 1 时，椭圆沿水平方向拉长；纵横比的缺省值为 1，在屏幕上产生一个标准的圆。在椭圆中，半径总是对应长轴。

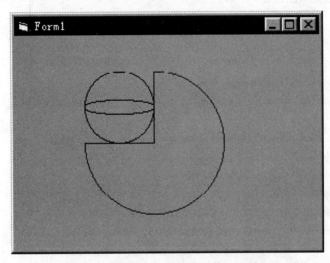

图 6-5　用 Circle 方法在窗体上画图

可以省略中间的某个参数，但不能省略分隔参数的逗号。

【案例 6-2】　通过以下代码可以在窗体上画出一个扇形、圆、椭圆，如图 6-5 所示。

```
Private Sub Form_Click()
        Const PI=3.14159
        Circle(2000,1500),1000,vbBlue,-PI,-PI/2
        Circle Step(-500,-500),500
    Circle Step(0,0),500,,,,5/25
End Sub
```

6.3　设计与实现

1. 设计思路

现在我们试着解决本章开始的典型项目。

思路:(1) 用 Scale()方法来定义窗体 Form1 的坐标系;

(2) 用 line()方法来画坐标并定义"X","Y"的位置;

(3) 用 ciclre()方法画出圆或扇形等图形。

Scale 方法是建立用户坐标系最方便的方法,其语法如下:

```
[对象.]Scale[(xLeft,yTop)-(xRight,yBotton)]
```

其中,对象可以是窗体、图片框或打印机。如果省略对象名,则为带有焦点的窗体对象。(xLeft,yTop)表示对象的左上角的坐标值,(xRight,yBotton)为对象的右下角的坐标值。均为单精度数值。VB 根据给定的坐标参数计算出 ScaleLeft,ScaleTop,ScaleWidth,ScaleHeight 的值:

```
ScaleLeft=xLeft
ScaleTop=yTop
ScaleWidth=xRight-xLeft
ScaleHeight=yBotton-yTop
```

2. 设计步骤

在新的窗体 Form1 上将 Commnd 控件拖放在窗体上,其默认名称为 Commnd1;在 Form_Pain()事件里编写如下代码:

```
Private Sub Form_Paint()
    Cls
    Form1.Scale(-200,250)-(300,-150)
    Line(-200,0)-(300,0)'画 X 轴
    Line(0,250)-(0,-150)'画 Y 轴
    CurrentX=0:CurrentY=0:Print 0 '标记坐标原点
    CurrentX=280:CurrentY=20:Print"X" '标记 X 轴
    CurrentX=10:CurrentY=240:Print"Y" '标记 Y 轴
End Sub
```

窗体 Form1 的坐标系如图 6-6 所示。

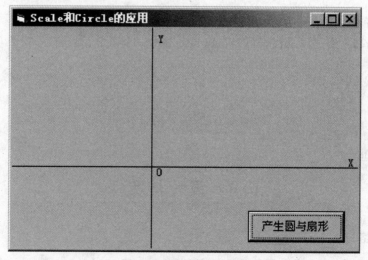

图 6-6 控件数组对话框

任何时候在程序代码中使用 Scale 方法都能有效地、自然地改变坐标系统。当 Scale 方法不带参数时,则取消用户自定义的坐标系,而采用默认坐标系。

此外,也可通过设置对象的 ScaleTop,ScaleLeft,ScaleWidth 和 ScaleHeight 4 项属性来定义坐标系。对象左上角坐标为(ScaleTop,ScaleLeft),右下角坐标为(ScaleLeft+ScaleWidth,ScaleTop+ScaleHeight)。根据左上角和右下角坐标值的大小自动设置坐标轴的正向。X 轴与 Y 轴的度量单位分别为 1/ScaleWidth 和 1/ScaleHeight。例如,设置窗体的 4 项属性为

```
Form1.ScaleLeft=-200
Form1.ScaleTop=250
Form1.ScaleWidth=500
Form1.ScaleHeight=-400
```

窗体 Form1 的左上角坐标为(−200,250),右下角坐标为 ScaleLeft+ScaleWidth=300 和 ScaleTop+ScaleHeigh=−150,即(300,−150)。X 轴的正向向右,Y 轴的正向向上。其效果与上图相同。

6.4 知 识 进 阶

6.4.1 绘图的属性

一个图形要想在容器中以恰当的位置、合适的线条和颜色显示出来,就要利用 VB 提供的属性和方法设置图形的当前坐标、线宽、线型和色彩,以便满足用户的需要。

1. 当前坐标

窗体或图片框或打印机的 CurrentX,CurrentY 属性给出这些对象在绘图时的当前坐标。这两个属性在设计阶段不能使用。当坐标系确定后,坐标值(x,y)表示对象上的绝对坐标位置。如果坐标值前加上关键字 Step,则坐标值(x,y)表示对象上的相对坐标位置,即从当前坐标分别平移 x,y 个单位,其绝对坐标值为(CurrentX+x,CurrentY+y)。

当使用 Cls 方法后,CurrentX,CurrentY 属性值为 0。

【案例 6-3】 用 Print 方法在窗体上随机显示 50 个"★"和 50 个"☆",如下图 6-7 所示。

分析:利用 CurrentX,CurrentY 属性可指定 Print 方法在窗体上的输出位置。用 Rnd 函数与窗体的 Width 和 Heigth 属性相乘,产生 CurrentX,CurrentY 的值。由于 Rnd 函数产生的值在 0 到 1 之间,故 CurrentX,CurrentY 必定在窗口有效区域内。可以用循环控制变量的奇偶性决定"★"或"☆"的输出。

程序代码如下:

```
Private Sub Form_Click()
Dim i As Integer
Randomize
For i=1 To 100
```

```
        CurrentX=Form1.Width*Rnd
        CurrentY=Form1.Height*Rnd
        If(i Mod 2)=0 Then
        Print"★"
        Else
        Print"☆"
        End If
        Next i
    End Sub
```

图 6-7 使用当前坐标

2. 线宽与线型

窗体、图片框或打印机的 DrawWidth 属性给出这些对象上所画线的宽度或点的大小。DrawWidth 属性以像素为单位来度量,最小值为 1。窗体或图片框或打印机的 DrawStyle 属性给出这些对象上所画线的形状。属性设置意义及效果如图 6-8 所示。

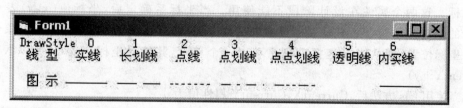

图 6-8 DrawStyle 属性

以上线型仅当 DrawWidth 属性值为 1 时才能产生。当 DrawWidth 的值大于 1 且 DrawStyle 属性值为 1~4 时,都只能产生实线效果。当 DrawWidth 的值大于 1,而 DrawStyle 属性值为 6 时,所画的内实线仅当是封闭线时起作用。DrawStyle=6 为内侧实线方式,在画封闭图形时,线宽的计算从边界向内,而实线方式(DrawStyle=0)画封闭图形时,线宽的计算以边界为中心,一半在边界内,一半在边界外。如图 6-9 所示,为线宽 DrawWidth=10,画同样大小方框所产生的不同效果。

如果使用控件,则通过 BorderWidth 属性定义线的宽度或点的大小,通过 BorderStyle 属性给出所画线的形状。

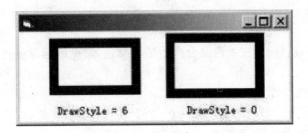

图 6-9 内实线与实线方式的区别

【案例 6-4】 通过改变 DrawStyle 属性值在窗体上画出不同的线形，产生如图 6-9 所示效果。程序代码如下：

```
Private Sub Form_Click()
    Dim j As Integer
    Print"DrawStyle 0 1 2 3 4 5 6"
    Print"线 型 实线 长划线 点线 点划线 点点划线 透明线 内实线"
    Print
    Print"图 示"
    CurrentX=600 '设置直线的开始位置
    CurrentY=ScaleHeight/3
    DrawWidth=1 '宽度为 1 时 DrawStyle 属性才能产生线型
        For j=0 To 6
        DrawStyle=j '定义线的形状
        CurrentX=CurrentX+150
    Line-Step(600,0)'画线长 600 的线段
        Next j
End Sub
```

3. 填充与色彩

封闭图形的填充方式由 FillStyle、FillColor 这两个属性决定。FillColor 属性指定填充图案的颜色，默认的颜色与 ForeColor 相同。FillStyle 属性指定填充的图案，共有 8 种内部图案，属性设置填充图案如图 6-10 所示。

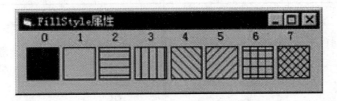

图 6-10 FillStyle 属性指定填充的图案

其中：0 为实填充，它与指定填充图案的颜色有关；1 为透明方式。

VB 默认采用对象的前景色（ForeColor 属性）绘图，也可以通过以下颜色函数指定色彩。

1) RGB 函数

RGB 函数通过红、绿、蓝三基色混合产生某种颜色,常见的标准颜色 RGB 值见表 6-3。其语法为

RGB(红,绿,蓝)

其中,括号中红、绿、蓝三基色的成份使用 0～255 之间的整数。例如,RGB(0,0,0)返回黑色;而 RGB(255,255,255)返回白色。

表 6-3　颜色及其值

常见的标准颜色 RGB 值	颜色	红色值	绿色值
黑色	0	0	0
蓝色	0	0	255
绿色	0	255	0
青色	0	255	255
红色	255	0	0
洋红色	255	0	255
黄色	255	255	0
白色	255	255	255

从理论上来说,用三基色混合可产生 256×256×256 种颜色,但是实际使用时受到显示硬件的限制。

2) QBColor 函数

QBColor 函数采用 QuickBasic 所使用的 16 种颜色,见表 6-4。其语法格式为

QBColor(颜色码)

其中,QBColor 函数的颜色码实际上返回一个指定红、绿、蓝三原色的值,用于设置 VB 中 RGB 系统的对应颜色。例如,QBColor(1)对应 RGB(0,0,128),QBColor(12)对应 RGB(255,0,0)。

表 6-4　颜色码与颜色对应表

颜色码	颜色	颜色码	颜色
0	黑	8	灰
1	蓝	9	亮蓝
2	绿	10	亮绿
3	青	11	亮青
4	红	12	亮红
5	品红	13	亮品红
6	黄	14	亮黄
7	白	15	亮白

3）直接输入数值

颜色值的格式是 16 进制的，为 ＆HBBGGRR。BB 代表蓝色，GG 代表绿色，RR 代表红色。例如，Form1. BackColor＝＆HFF0000 与 Form1. BackColor＝RGB(0,0,255)的含义是一样的。

4）使用颜色常数

VB 将经常使用的颜色值定义为内部常数，颜色常数包括 vbBlack，vbRed，vbGreen，vbYellow，vbBlue，vbMagenta，vbCyan，vbWhite 等，这些常数可以使用对象浏览器列出。当使用这些内部常数时，无需了解这些常数是如何产生的，也无需声明。例如，无论什么时候想指定红色作为颜色参数或颜色属性的设置值，都可以使用常数 vbRed：

```
Form1.BackColor=vbRed
```

【案例 6-5】 利用滚动条设计一个调色板。

在窗体上添加三个水平滚动条（数组形式）用于调整红色、绿色及蓝色的值，并将其 Min 属性设为 0、Max 属性设为 255。添加三个标签用于表示滚动条的当前数值。添加 4 个图片框，Picture1 用于响应调出的颜色，并将另外三个 BackColor 属性设为红色、绿色及蓝色，如图 6-11 所示。

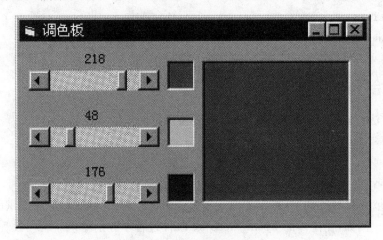

图 6-11 调色板范例

滚动条的事件代码如下：

```
Private Sub HScroll1_Change(Index As Integer)
Picture1.BackColor=RGB(HScroll1(0),HScroll1(1),HScroll1(2))
For i=0 To 2
label1(i).Caption=HScroll1(i).Value
Next
End Sub
```

【案例 6-6】 演示颜色的渐变过程。

分析：要定义渐变，可多次调用 RGB 函数，每次对 RGB 函数的参数稍作变化。下面的程序用线段填充矩形区,通过改变直线的起终点坐标和RGB函数中三基色的成份产生渐变效果,如图6-12所示。

图6-12　渐变效果

程序代码如下:

```
Private Sub Form_Click()
    Dim j As Integer,x As Single,y As Single
    y=Form1.ScaleHeight
    x=Form1.ScaleWidth '设置直线X方向终点坐标
    sp=255/y '每次改变基色的增量
    For j=0 To y
    Line(0,j)-(x,j),RGB(j*sp,j*sp,j*sp)'画线
    Next j
End Sub
```

6.4.2　绘图的其他方法

PSet方法(画点)可以在对象的指定位置按确定的像素颜色画点,格式为

```
[对象.]PSet[Step](x,y)[,Color]
```

说明:

(1)(x,y)为必需的,可以是整数也可以包含小数;

(2) Step为可选关键字,指定相对于由CurrentX和CurrentY属性提供的当前图形的位置坐标。例如,在窗体的Form_Activate事件过程中分别输入左右两段程序代码

```
PSet(1000,1000)              PSet Step(1000,1000)
PSet(1000,2000)              PSet Step(1000,2000)
```

运行结果如图6-13所示,第一点(1000,1000)位置都相同,因为CurrentX,CurrentY的起始值都为(0,0)。但经过第一次PSet方法设置后,CurrentX与CurrentY位置移到了(1000,1000)。画出第二个点时对左边的例子没有影响(还是以原点为起点),但是由于右边加了Step关键字,则是以CurrentX与CurrentY为参考点画出的坐标(1000,2000)这个点,此点相对于窗体原点来说坐标值为(2000,3000)。

(3) Color用于为该点指定颜色,缺省时,使用当前的ForeColor属性值。可用RGB函数或QBColor函数指定颜色。例如,在指定位置画一个红点:

```
PSet(1000,1000),RGB(255,0,0)
```

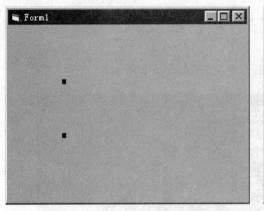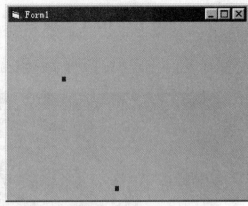

图 6-13 是否加入关键字 Step 的比较

例如,在窗体上添加一个计时器 Timer1,并设置其 Interval 属性值。将 Form1 的
BackColor 属性修改为黑色。编写计时的 Timer 事件过程:

```
Private Sub Timer1_Timer()
DrawWidth=5
x_pos=Int(Rnd*Form1.ScaleWidth)
y_pos=Int(Rnd*Form1.ScaleHeight)
red_c=Int(Rnd*256)
green_c=Int(Rnd*256)
blue_c=Int(Rnd*256)
PSet(x_pos,y_pos),RGB(red_c,green_c,blue_c)
End Sub
```

程序运行结果如图 6-14 所示。

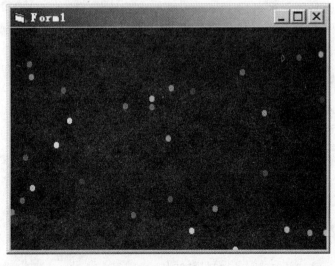

图 6-14 满天星范例

6.5 项目实战:彩色水波

要求:单击按钮后界面上产生不断变化的彩色光环,如图 6-2 所示。

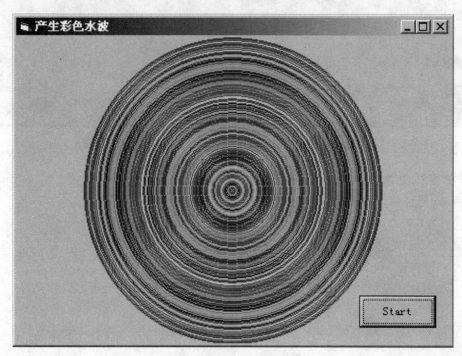

图 6-2 产生彩色水波

其设计步骤如下:

(1) 创建新工程;

(2) 将 Commnd 控件拖放在新的窗体 Form1 上,改其名称为 btnStart;将 Timer 控件拖放在窗体上,其默认名称为 Timer1;

(3) 在通用中声明 Dim flag As Boolean;在 btnStart_Click()和 Timer1_Timer()事件里分别编写如下代码:

```
Dim flag As Boolean '通用声明
Private Sub btnStart_Click()
    If flag Then
        Timer1.Enabled=False
        btnStart.Caption="Start"
        flag=False
    Else
        Timer1.Enabled=True
        btnStart.Caption="Stop"
        flag=True
```

```
        End If
    End Sub
    Private Sub Timer1_Timer()
        Dim x,y,R,L
        ScaleMode=3
        x=ScaleWidth/2
        y=ScaleHeight/2
        If x>y Then L=y Else L=x
        For R=0 To L
            Circle(x,y),R,RGB(Rnd*255,Rnd*255,Rnd*255)
        Next R
    End Sub
```

小 结

　　本章主要介绍了坐标系统,绘图方法、绘图的属性以及填充与色彩,对图形的一些基本的处理方式做了一些讲解。学了这些知识后,我们就掌握了一些基本的图形处理技术,为以后的学习打下基础。

第7章

多媒体技术

7.1 典型项目:多媒体播放器的制作

要求:设计一个简单的播放器,能播放 wav 格式的音乐,如图 7-1 所示。

图 7-1 播放器

7.2 必备知识:MCI 设备的安装

媒体控制接口(Media Control Interface,MCI)在控制音频、视频等设备方面,提供了与设备无关的控制方法。用户可以很方便地通过该接口来使用 MCI 控制标准的多媒体设备,例如音频播放设备、音频录制设备、动画播放设备以及 VCD 影碟机等音像设备。本节将介绍有关 MCI 的特征及其应用。

MCI 是一个高级的函数调用接口,它提供了许多高级的与设备无关的指令,它们可以在应用程序中被直接调用。但是,并非所有的设备都可以通过这种方式访问,它们必须有支持 MCI 接口标准的驱动程序,并被正确地安装在 Windows 系统之中才可使用。

在 VB 的对象工具视窗中并没有 MCI 多媒体工具图标,要在程序中使用 MCI 控制技术,就必须把 MCI 多媒体工具放置到 VB 的对象工具视窗里。下面介绍把 MCI 控制放置到 VB 的对象工具视窗的操作方法。

加载 MCI 步骤如下:

(1) 在 VB 系统中,打开"工程"菜单,单击"部件"项,如图 7-2 所示,打开工程"部件"对话框;

图 7-2　部件项　　　　　　　　图 7-3　部件对话框

（2）在弹出的"控件"对话框中找到"Microsoft Multimedia Contrl 6.0"选项，并选中它，如图 7-3 所示；

（3）单击"确定"按钮，关闭"部件"对话框；

（4）返回到 VB 系统，会发现在 VB 对象工具视窗的左下角多了一个右下图所示的对象。它就是我们需要的多媒体接口 MCI 控制。

此后，就可以像使用其他对象一样使用 MCI 控制进行多媒体程序设计了。

7.3　设计与实现

1．设计思路

MCI 控制的应用首先是在设计阶段在窗体内放置 MCI 媒体控制对象，而操作使用可以分为媒体按钮事件驱动和控制命令属性设置两种方式。

第一种方式，使用媒体控制按钮事件驱动。常用事件为_Click()，在运行时，当用户单击媒体的一个控制按钮时，系统自动引导相应功能的事件程序，设计者不必编写其事件子程序。

第二种方式，是在设计阶段在窗体内放置 MCI 控制对象，设置有关属性，包括设备类型（DeviceType）、媒体文件（FileName）。在程序中编制媒体操作驱动程序，一般的内容和顺序如下：

（1）设定媒体设备类型；

（2）指定播放或操作的媒体文件；

（3）打开文件，即设置 Command 属性为"Open"；

（4）媒体操作，若要播放，设置 Command 属性为"Play"，或在运行时，由用户单击"Play"按钮；若要录制，设置 Command 属性为"Record"，或在运行时，由用户单击"Record"按钮；

（5）关闭媒体设备，设置 Command 属性为"Close"。

2. 设计步骤

（1）创建新工程；

（2）将 Form1 窗体的"名称"属性改为 FrmMediaPlay；

（3）将图 7-2 中的 MCI 控件拖放在窗体上，其默认名称为 MMControl1；

（4）在 Form_Load()事件里编写如下代码：

```
Form_Load()
        MMControl1.DeviceType="waveaudio"
        MMControl1.FileName="f:\mp3\try.wav"
        MMControl1.Command="open"
        If MMControl1.Error Then
            MsgBox MMControl1.ErrorMessage   '出错信息
        End If
End Sub
```

说明：MMControl1.FileName 的值存放相关的文件路径。

完成上述步骤后，按 F5 运行程序，单击图 7-1 中的第三个按钮，音乐就开始了。

7.4 知识进阶：多媒体控件的常用属性、事件

1. MCI 的外形特征

单击对象工具视窗的 MCI 对象，在窗体(Form)中适当位置放置该对象，并调整合适的大小。其外形如图 7-4 所示。

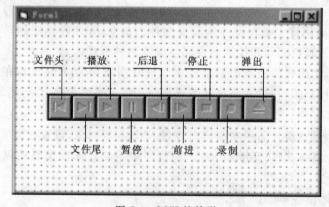

图 7-4 MCI 的外形

MCI 媒体控制对象通常用于设计各种多媒体设备的程序，比如使用 CD-ROM 光盘播放 VCD 乐曲、播放卡拉 OK 光盘、播放视频影碟、使用声音卡播放声音文件和 MIDI 音序文件等。

MCI 媒体控制对象是一组共 9 个按钮的组件，每个按钮的简单标示如上图所示。外形很像收录机的按键，这 9 个按钮有各自对应的属性，程序员通过设置这些属性设置来实

现对各种媒体设备的控制,它们都可以由 Click 事件来引导相应的功能。

2. MCI 的常用属性

• **PreVisible** "文件头"按钮可见。系统默认为 True,如果在设计时将它设置为 False,则此按钮在设计时就不可见,在程序运行时也不可见。如果在程序中设置为 False,则该按钮在程序运行时不可见。当此按钮有效时,单击该按钮,可使正在播放的文件返回到文件开头。

• **NextVisible** "文件尾"按钮可见。当此按钮有效时,单击该按钮,可使正在播放的文件返回到文件尾部。系统默认为 True,如果在设计时将它设置为 False,则此按钮在设计时就不可见,在程序运行时也不可见。如果在程序中设置为 False,则该按钮在程序运行时不可见。

• **PlayVisible** "播放"按钮可见。当此按钮有效时,单击该按钮,可使媒体开始播放文件。当没有文件被打开时,该按钮处于无效状态。系统默认为 True,如果在设计时将它设置为 False,则此按钮在设计时就不可见,在程序运行时也不可见。如果在程序中设置为 False,则该按钮在程序运行时不可见。

• **PauseVisible** "暂停"按钮可见。当此按钮有效时,单击该按钮,可使正在播放的文件停止播放。系统默认为 True,如果在设计时将它设置为 False,则此按钮在设计时就不可见,在程序运行时也不可见。如果在程序中设置为 False,则该按钮在程序运行时不可见。

• **BackVisible** "后退"按钮可见。当此按钮有效时,单击该按钮,可使正在播放的文件向后退一段。系统默认为 True,如果在设计时将它设置为 False,则此按钮在设计时就不可见,在程序运行时也不可见。如果在程序中设置为 False,则该按钮在程序运行时不可见。

• **StepVisible** "向前"按钮可见。当此按钮有效时,单击该按钮,可使正在播放的文件向前进一段(隔去一段数据)。系统默认为 True,如果在设计时将它设置为 False,则此按钮在设计时就不可见,在程序运行时也不可见。如果在程序中设置为 False,则该按钮在程序运行时不可见。

• **StopVisible** "停止"按钮可见。当此按钮有效时,单击该按钮,可使正在播放的文件停止播放(返回到文件首部)。系统默认为 True,如果在设计时将它设置为 False,则此按钮在设计时就不可见,在程序运行时也不可见。如果在程序中设置为 False,则该按钮在程序运行时不可见。

• **RecordVisible** "录制"按钮可见。当此按钮有效时,单击该按钮,可使媒体设备进行录制多媒体信息。系统默认为 True,如果在设计时将它设置为 False,则此按钮在设计时就不可见,在程序运行时也不可见。如果在程序中设置为 False,则该按钮在程序运行时不可见。

• **EjectVisible** "弹出"按钮可见。当此按钮有效时,单击该按钮,可使媒体弹出,如打开录音机磁带舱或弹出 CD-ROM 光盘等。系统默认为 True,如果在设计时将它设置为 False,则此按钮在设计时就不可见,在程序运行时也不可见。如果在程序中设置为 False,则该按钮在程序运行时不可见。

上述 9 个按钮还有 9 个有效使能(Enabled)属性,可以使各个按钮有效(True)或无效

(False)。系统默认自动使能,根据情况使其有效或无效。有效时该按钮中间的符号变为黑色,单击有效;无效时该按钮中间符号变为灰色,单击无效。

Visible 媒体控制可见属性。系统默认为 True,如果在设计时将它设置为 False,则全部控制按钮在设计时都不可见,在程序运行时也不可见。如果在程序中设置为 False,则全部控制按钮在程序运行时不可见。例如,当正在播放文件时,"播放"按钮自动无效,而"停止"按钮自动有效。

Enabled 媒体控制使能属性。系统默认为 True,表示媒体控制可以使用。如果在程序中把它设置为 False,则媒体控制不可使用。

DeviceType 设备类型。常用的设备类型有

Cdaudio	CD 音乐设备
Animation	动画播放设备
Sequencer	MIDI 序列发生器
Videodisc	激光视盘机
Waveaudio	波形声音播放设备
Ver	录像机设备
Overlay	图像迭加设备
Digitalvidio	数字动态视频

在多媒体计算机系统中,各个用户可能会安装不同的媒体播放设备,利用此属性设置设备类型。

• **FileName** 文件名。指定要播放的文件,文件名的扩展名应与媒体设备所支持的文件类型一致。

• **Command** 命令属性。通过程序的命令属性设置来控制媒体设备的运行,设计阶段无效。有的等价于控制窗体的按钮。常用的命令见表 7-1。

• **Shareable** 共享属性。设置为 True 时,可以与其他应用程序共享该媒体设备,系统默认 False。

• **Silent** 静音,无声。

• **AutoEnable** 自动使能。逻辑型数据,当其值为 True 时,媒体控制对象会自动检测哪些按钮是处于有效状态,哪些按钮必须处于无效状态(呈现灰色)。

• **ErrorMessage** 数据类型为 String,它的功能是返回上次执行 MCI 控制命令时所发生的错误信息。如果上次执行 MCI 控制命令时发生错误,系统会先返回一个错误代码存放在 Error 属性中,可以通过访问 ErrorMessage,获得有关的错误信息。

• **From** 设定 MCI 控制命令 Play 或 Record 等的起始位置。数据类型为长整形,单位则依据 TimeFormat 属性,可以是时间,也可以是画面的帧页序号或字节数。如从第 10 秒或第 30 帧画面开始。From 属性只影响其设定后所遇到的第一个控制命令 Play 或 Record。默认为文件的开头。

• **To** 设定 MCI 控制命令 Play 或 Record 的结束位置。数据类型为长整形,单位及有效性与 From 属性相同。默认为文件的结尾。

表 7-1　MCI 设备 Command 属性表

Open	打开媒体设备
Close	关闭媒体设备
Play	播放
Pause	暂停正在播放或录制的操作,若重复暂停则恢复暂停前的状态
Stop	停止播放或录制操作
Back	后退一格画面
Step	前进一格画面
Record	录制
Next	到下一个磁道的起点
Seek	寻找位置
Eject	弹出媒体盒,如 CD-ROM 光盘
Prev	回到前一个磁道的起点
Sound	播放声音,应先设置 Filename 属性指定声音文件及声音文件格式
Save	存储当前使用的文件

• **Length** 　返回一个已经打开的多媒体设备所使用的文件长度。数据类型为长整形,单位依据 TimeFormat 属性的设定。

• **Wait** 　设定是否等到下一个 MCI 控制命令的操作全部完成后才交回媒体控制权。数据类型为逻辑值,此属性只影响下一个 MCI 控制命令。

• **TimeFormat** 　设置多媒体设备所使用的时间格式。数据类型为长整形,通常媒体控制对象支持 11 种时间格式,每一种格式都有它适用的多媒体设备。一般情况下,系统预设的时间格式为所设置的设备类型相对应,如动画播放设备使用"Frames"格式;Waveform 语音播放设备使用"Milliseconds"格式。表 7-2 列出了时间格式的具体情况。

表 7-2　媒体设备的时间格式表

值	描述代码	说　明
0	Milliseconds	以毫秒为单位
1	HMS	以"时:分:秒"为单位
2	MSF	以"分:秒:帧(Frames)"为单位
3	Frames	以帧为单位
4	SMPTE_24	SMPTE_24 格式,以"时:分:秒:帧"为单位
5	SMPTE_25	SMPTE_254 格式
6	SMPTE_30	SMPTE_30 格式
7	SMPTE_30 DROP	SMPTE_24 DROP 格式
8	BYTES	以字节(Byte)为单位
9	SAMPLES	以采样数为单位
10	TMSF	以"轨(Track):帧,分,秒"为单位

7.5 项目实战:利用多媒体控件播放 AVI 或 DAT 视频

1. 设计用户界面

新建一个工程,按表 7-3 的内容创建 AVI 播放器窗体。创建完成后,界面如图 7-5 所示。

表 7-3 用户界面设计及其属性表

对象	属性	属性值
窗体	Name	FrmAVI
	Caption	播放 AVI
菜单	标题	打开
	名称	MnuOpen
	标题	退出
	名称	MnuExit
多媒体控件	Name	MMControl1
图片框	Name	Picture1
通用对话框	Name	CommonDialog1

2. 代码设计

窗体加载时,绑定 Picture1 为多媒体控件的输出窗口。

```
Private Sub Form_Load()
    MMControl1.hWndDisplay=Picture1.hWnd    '绑定 Picture1 为多媒体控件的输出窗口
End Sub


Private Sub MnuExit_Click()
    MMControl1.Command="close"    '退出时关闭 MCI 并结束程序
    End
End Sub


Private Sub MnuOpen_Click()
    CommonDialog1.FileName=""
    CommonDialog1.Filter="(*.avi)|*.avi|(*.wave)|*.wav|(vcd*.dat)|*.dat|
    (*.midi)|*.mid"
    CommonDialog1.FilterIndex=1
    CommonDialog1.DialogTitle="打开媒体文件"
    CommonDialog1.ShowOpen
    MMControl1.Command="close"
    If CommonDialog1.FileName="" Then
        MsgBox"没有文件被选择",37,"检查"
    End If

    Select Case CommonDialog1.FilterIndex
```

```
        Case 1
            With MMControl1
                .DeviceType="AviVideo"
                .TimeFormat=3 '设置时间格式为帧格式
            End With
        Case 2
            With MMControl1
                .DeviceType="WaveAudio"
                .TimeFormat=1 '设置时间格式为时分秒格式
            End With
        Case 3
            With MMControl1
                .DeviceType="MpegVideo"
                .TimeFormat=3
            End With
        Case 4
            With MMControl1
                .DeviceType="sequencer"
                .TimeFormat=1
            End With
        End Select
        MMControl1.FileName=CommonDialog1.FileName
        MMControl1.Command="open"
    End Sub
```

最后,单击播放按钮就可以欣赏动画了。

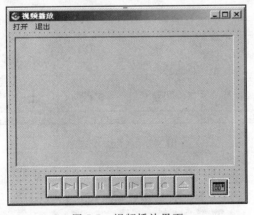

图 7-5 视频播放界面

小 结

本章主要讲了多媒体播放器的制作和多媒体控件的常用属性,学习了这些知识后,我们可以制作自己的多媒体播放器,可以对多媒体控件的常用属性有一个基本的了解,为以后的学习奠定一个基础。

第8章

文件系统

8.1 典型项目:简单的通讯录信息管理程序

要求:设计一个简单的通讯录信息管理程序,使用随机文件存储通讯录信息。数据具有数据添加、插入、删除、修改以及通讯录信息顺序翻阅等功能,如图 8-1 所示。

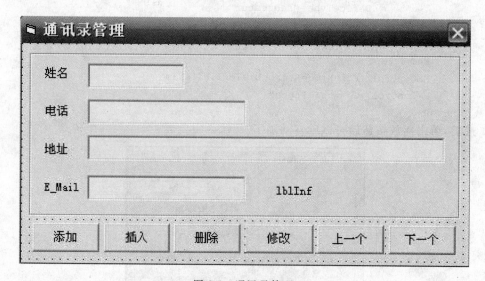

图 8-1　通讯录管理

8.2 必备知识

8.2.1 文件结构及分类

VB 提供了三种文件存取方式:顺序存取方式、随机存取方式和二进制存取方式。按照存取方式可以把文件分为三类:顺序存取文件、随机存取文件和二进制存取文件,不同类型文件的读写方式是不同的。

1. 顺序存取文件

顺序存取是将要保存的数据,依次逐个字符转换成 ASCII 字符,然后存入磁盘。以顺序存取方式保存数据的文件叫顺序存取文件,简称顺序文件。顺序文件存储格式如图8-2 所示。

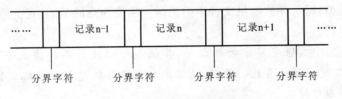

图 8-2 顺序文件存储格式

通常记录与记录之间的分界字符为不可见的回车符与换行符,记录中字段与字段之间的分解符为逗号或空格。每条记录的长度都可按需要变化。

对顺序文件中的数据信息进行查找、添加、删除和插入记录是比较困难的,因为该类文件只提供第一个记录的存储位置,其他记录的位置无法获悉。

在顺序文件中要查找一个记录,必须从头开始查找,逐个比较,直到找到查找的记录为止。要往文件中增加内容时,只能找到文件尾,将内容追加进去。

若要修改某个记录,则需将整个文件读出来,修改后再将整个文件写回磁盘,因此很不灵活。但由于顺序文件是按行存取,所以它们对需要处理文本文件的应用程序来说就是非常理想的了。例如,一般的程序文件(如.C 程序文件)都是顺序文件。

顺序文件的优点是操作简单,缺点是无法任意取出某一个记录来修改,一定得将全部数据读入,在数据量很大时或只想修改某一条记录时,显得非常不方便。

提示:顺序文件实际上是一个文本文件。因此,VB 程序生成的顺序文件可以使用任何文本编辑软件打开查看(如 Microsoft"记事本"和"写字板")。

2. 随机存取文件

以随机存取方式存取的文件称为随机文件。随机文件很像一个数据库,它由大小相同的记录组成,每个记录又由字段组成,字段中存放着数据,不同记录中字段的数目相等,并且对应字段的类型相同。其存储结构如图8-3 所示。

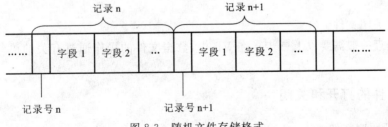

图 8-3 随机文件存储格式

每个记录前都有记录号表示此记录开始。在读取文件时,只要给出记录号,就可迅速找到该记录,并将该记录读出;若对该记录做了修改,需要写到文件中时,也只要指出记录号,新记录将自动覆盖原有记录。所以,随机文件的访问速度快,读、写、修改灵活方便,但由于每个记录前增加了记录号,从而使其占用的存储空间增大。

读出或写入随机文件时,在程序中需要事先定义变量,变量要定义成随机文件中的一条记录的类型。根据前面提到的随机文件的记录特点,在程序的变量说明部分使用自定义数据类型对随机文件进行操作将是非常方便的。首先定义记录的类型结构,然后再将变量说明成该类型,用于存放随机文件中的记录。需要注意的是,自定义数据类型中的字符串应声明为定长。

注意:随机文件中,除字符串数据之外,其他类型的数据不转换成字符 ASCII 码形式,而是直接以二进制形式存放。所以,使用文本编辑器软件打开随机文件时,那些非字符数据项会变得不可辨认。

3. 二进制存取文件

二进制文件直接把二进制码存放在文件中,没有什么格式。其存取方式是按字节进行存取(随机文件按记录存取,顺序文件按行存取)。除了没有数据类型或者记录长度的含义以外,它与随机存取很相似。

在二进制文件中,能够存取任意所需要的字符,可以把文件指针移到文件的任何地方。因此,这种存取方式最为灵活,但编程的工作量也最大。事实上,任何文件都可以使用二进制存取方式进行访问。

注意:二进制文件不能使用一般的文本编辑软件来查看文件的内容。它的内容一般只能用生成它的程序或了解其结构的程序来使用。

8.2.2 顺序文件的访问

在 VB 中,数据文件的操作按下述步骤进行。

首先,打开(或建立)文件。一个文件必须先打开或建立后才能使用。如果一个文件已存在,则打开该文件;如果不存在,则建立该文件。

其次,进行读、写操作。在打开(或建立)的文件上执行所要求的输入输出操作。在文件处理中,把内存中的数据传输到相关联的外部设备(如磁盘)并作为文件存放的操作叫做写数据,而把数据文件中的数据传输到内存程序中的操作叫做读数据。一般来说,在主存与外设的数据传输中,由主存到外设叫做输出或写;而由外设到主存叫做输入或读。

最后是关闭文件。

文件处理一般需要以上三步。在 VB 中,数据文件的操作通过有关的语句和函数来实现。

1. 顺序文件的打开和关闭

1) 打开顺序文件

```
Open 文件名 For Input|Output|Append As[#]文件号
```

其中,"文件名"参数为字符串类型,指定文件的路径与文件名。如果文件处于当前驱动器的当前文件夹下,可以只写文件名。

参数 Input,Output 和 Append 决定文件的打开方式。打开方式的不同,对文件的操作方式也不同,详见表 8-1。

表 8-1 Input、Output、Append 关键字的比较

关键字	对文件的操作
Input	从文件读取数据。若文件不存在,系统则会显示一个错误信息
Output	把数据写到文件中。若文件不存在,则创建新文件。若文件已存在,覆盖文件中原有的内容
Append	追加数据到文件的末尾,不覆盖文件原来的内容。若文件不存在,则创建新文件

"文件号"参数是代表被打开文件的文件号,它应该是 1~511 之间的整数。文件被打开之后,所有的文件操作都是对文件号进行的,而不是对文件名进行的。文件名前面的"#"号可有可无。

注意:一个文件号仅能标识一个当前打开的文件,被占用的文件号不能再用于打开其他的文件。可用 FreeFile 函数获得下一个可以利用的文件号。文件号不要求连续使用,也不要求第一个打开的文件号一定为 1。

例如,在磁盘 C:\目录下,建立并打开一个新的数据文件 data.dat,并使之成为 1 号文件的 Open 语句是

```
Open"C:\data.dat" For Output As #1
```

2) 关闭顺序文件

无论是顺序文件、随机文件还是二进制文件,对文件操作完毕后,都应该及时关闭它来释放占用的系统资源,同时可以让其他的程序能够打开这个文件。关闭顺序文件使用 Close 语句,其格式如下:

```
Close[[#]文件号 1,[[#]文件号 2,...]]
```

Close 语句一般可以关闭多个文件,其中的"文件号 n"参数为可选项,不带任何参数的 Close 语句可以关闭所有以 Open 语句打开的文件。

文件被关闭之后,它所占用的文件号会被释放,可供以后的 Open 语句使用。例如:

```
Close #3 '关闭文件号为 3 的文件
Close #1,#2  '关闭文件号为 1 和 2 的两个文件
```

2. 顺序文件的写操作

写顺序文件之前,应该使用 Output 或 Append 关键字打开文件。可以使用下列语句把变量、常量、属性或表达式的值写入顺序文件。

1) Print 语句

Print 语句的语法为

```
Print #文件号,表达式列表
```

用 Print 语句向文件中写入数据类似于用 Print 方法向窗体上输出信息。

说明：

（1）表达式列表为等待写入文件的数值或字符串表达式，也可以是布尔型或逻辑型表达式，各表达式之间可用逗号分隔也可以用分号分隔；

（2）用逗号分隔时，写入文件中数据项之间有较多的空格分隔；

（3）用分号分隔时，为紧凑格式显示，当表达式的值是字符型数据时，数据项之间不留空格；当输出是数值数据时，数据前留一个前导空格或显示一个负号（当是负数时显示负号），每个数据项之后留一个尾随空格；

（4）逗号和分号分隔符可以混合使用；

（5）如果此语句以一个逗号或者分号结尾，则下一条写文件语句的输出不另起一行，否则换行；

（6）如果要在两个输出项之间加入 n 个空格，可以使用 Spc(n)函数；如果要把一个输出项输出到指定的第 n 列上，则可以使用 Tab(n)函数。使用 Tab(n)函数时应注意，如果当前行上第 n 列上已有输出项，则会输出到下一行的指定列上，随后的输出也会随着换行。

注意：使用 Print 语句输出到文件的值转换为字符串之后均无界定符。比如，字符串两端无引号、日期无"♯"号等。

【案例 8-1】 在 C 盘的根目录下建立一个 data. txt 文件，并向文件中写入学生的学籍信息如图 8-4 所示。

```
Private Sub Form_Click()
    Open  "C:\data.txt" For Output As #1
    Print  #1,"Table:";Date;Tab(40);"Student Information"
    Print  #1,                    '空一行,注意,这一行末尾的逗号是必不可少的
    Print  #1,"000802101","张三","男","汉族","团员","计算机与应用"
    Print  #1,"000802102","李四","男","汉族","团员","应用电子技术"
    Print  #1,"000802103","王五","男","汉族","团员","电子信息工程"
    Close  #1
End Sub
```

图 8-4 data. txt 文件内容

在实际应用中，经常把一个文本框中的内容以文件的形式保存在磁盘上，下面的程序可以把文本框 Text1 中的内容一次性地写入文件 myfirst. txt 中。

```
Private Sub Form_Click()
    Open"c:\myfirst.txt" For Output As #1
    Print #1,Text1.Text
```

```
        Close #1
    End Sub
```

2）Write 语句

Write 语句的语法为
```
    Write  #文件号,表达式列表
```
Write 与 Print 语句的语法完全相同,但输出到文件中的结果不一样。

说明：

（1）Write 输出到文件中的各数据项之间用逗号分隔。

（2）如果表达式是字符类型,则文件中对应的输出项被加以引号；日期时间类型、逻辑类型表达式所对应的输出项两边被加上"♯"号；数值类型无特殊处理。

（3）Write 语句也可以使用 Spc(n)和 Tab(n)函数,把表达式输出到特定位置。

（4）语句适合于为其他软件生成数据文件,而 Write 更适合为 VB 程序读入而生成文件。

【案例 8-2】 将案例 8-1 中的文件写操作全部用 Write 语句替换,如图 8-5 所示。

```
    Private Sub Form_Click()
        Open"c:\data.txt" For OutPut As #1
        Write #1,"Table1:";Date;Tab(40);"Student Information"
        Write #1,                    '空一行,注意,这一行末尾的逗号是必不可少的
        Write #1,"000802101","张三","男","汉族","团员","计算机与应用"
        Write #1,"000802102","李四","男","汉族","团员","应用电子技术"
        Write #1,"000802103","王五","男","汉族","团员","电子信息工程"
        Close #1
    End Sub
```

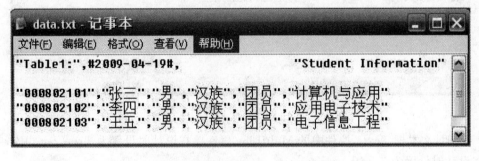

图 8-5 【案例 8-2】中 data.txt 文件内容

可以看出,不管使用逗号还是分号来分隔表达式,Write 语句都会把数据一个挨一个地写入文件中,并用逗号隔开。

3. 顺序文件的读操作

要从顺序文件中读入数据到变量中供后续处理,则必须以 Input 方式打开顺序文件。读入顺序文件可以使用下列语句。

1）Line Input 语句

Line Input 语句是整行读入语句，语法为

```
Line Input  #文件号,字符串变量
```

使用 Line Input 语句一次可以把"文件号"所代表文件中的一整行数据作为一个字符串读入，赋予指定的字符串变量。这个语句把一行中所有界定符、分隔符都当成字符串的组成部分。读入的内容中不包括行末的回车符与换行符。因为 Line Input 语句在读入时不区分数据项，所以它并不常用。

【案例 8-3】 将案例 8-1 中生成的 data. txt 文件中的内容读出到窗体上的文本框 Text1 控件中。

```
Private Sub Text1_Click()
    Dim i As Integer,s As String
    Text1.Text=""
    Open "c:\data.txt" For Input As #1 '打开文件
    For i=1 To 5
        Line Input #1,s
        '读出的行内容添加到文本框中,同时行尾添加回车换行符
        Text1.Text=Text1.Text & s & vbCrLf
    Next i
    Close #1                '关闭文件
End Sub
```

当程序运行时，鼠标单击文本框控件，将显示如图 8-6 所示的运行结果。

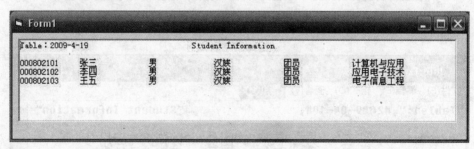

图 8-6　读 data. txt 文件到文本框

说明：文本框 Text1 控件中的 MultiLine 属性要在设计时设置为 True，ScrollBars 属性在设计时设置为 3-Both。

2）Input 语句

Input 语句的语法为

```
Input  #文件号,变量列表
```

Input 语句一次可以读入一个或多个数据项内容，读入的数值依次赋给相应的变量。变量列表中的变量应用逗号隔开，并且应该保证变量的类型与文件中相应的数据项的类型一致。如果文件中的一项与对应的变量类型不同，VB 会作一些默认的转换，无法转换

时产生"类型不匹配"错误。此语句读入数据项不受回车换行符的影响。

VB 为每个打开的文件维护了一个文件读写指针,指针指向的位置就是下一次读操作时的开始位置,读写之后,指针会自动作相应的移动并指向下一个位置。刚打开文件时,指针停留在文件的开头。

在读顺序文件时,读入一个数据项后,下一条读文件的语句就从一个数据项读入数据。如已到文件尾,继续读文件会产生错误,写文件的操作则不会出错,它会把文件扩大。

【案例 8-4】 将案例 8-2 生成的 data. txt 文件中的内容读出到窗体上。

```
Private Sub Form_Click()
    Dim i As Integer,dt As Date,s(6)As String
    Cls    '清除窗体
    Open"c:\data.txt" For Input As #1 '打开文件

    For i=1 To 5
        Input #1,s(1)
        Print s(1)
    Next i
    Close #1   '关闭文件
End Sub
```

当程序运行时,鼠标单击窗体,将显示如图 8-7 所示的运行结果。

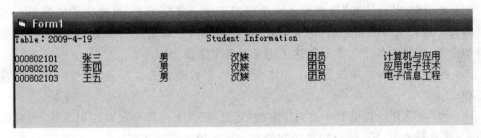

图 8-7 运行结果

8.2.3 随机文件的访问

1. 随机文件的打开和关闭

1) 打开随机文件

打开随机文件同样使用 Open 语句,其语法为

    Open 文件名[For Random] As[#]文件号 len=记录长度

说明:

(1)"文件名"参数指定要打开的文件;

(2)For Random 关键字指定文件是以随机形式打开,因为是默认方式,所以可以省略;

（3）以随机形式打开的文件既可以读也可以写；

（4）文件打开之后，文件指针指向第一条记录；

（5）如果原来没有此文件，则自动创建此文件；

（6）"文件号"参数的意义与顺序文件相同；

（7）"记录长度"参数指定读写操作时一条记录的长度（以字节为单位），可以使用 len 函数计算一个变量，尤其是自定义类型的变量所占的存储空间的大小。

2）关闭随机文件

VB 要求在应用文件结束后将打开的文件关闭，这样才能保证磁盘缓冲区的内容真正保存到磁盘。可以使用 Close 语句完成这一工作，其语句格式同顺序文件。

2. 随机文件的写操作

VB 使用 Put 语句来对随机文件进行写操作，语法为

```
Put  [ #]文件号、[记录号]、表达式
```

说明：

（1）"文件号"参数应该是已打开的随机文件的文件号；

（2）"记录号"指定数据将写在文件的第几个记录上，如果省略了这个参数，则写在上一次读写记录的下一条记录；如果尚未进行读写，则为第一条记录；

（3）"表达式"是指要写入文件中数据的来源；

（4）此语句把"表达式"的值写入文件中指定的一条记录上，当表达式的值所占的存储空间大于打开文件的指定的"记录长度"时，会出错；一般情况下，"表达式"是自定义数据类型变量，变量的各个元素就是这条记录的各个字段；

（5）在写操作时，如果该记录上原本有数据，会被新的内容覆盖，其他记录的内容不受影响；

（6）当写数据时，如果 Put 语句指定的"记录号"大于文件中现有的记录数，仍可以正确写入；并且写入后，VB 会自动将中间的空余记录填入随机数据。

3. 随机文件的读操作

VB 使用 Get 语句来对随机文件进行读操作，语法为

```
Get[ #]文件号、[记录号]、变量名
```

说明：

（1）"文件号"参数指定要读取的随机文件；

（2）"记录号"指定要读入随机文件中的第几条记录，如省略此参数，则为上一次读写记录的下一条记录；如果尚未进行读写，则为第一条记录；

（3）"变量名"参数确定读入的数据存入哪个变量中，此变量的类型应与写文件时使用的变量类型相匹配，否则读出的数据可能没有意义；

（4）当读数据时，如果 Get 语句指定的记录号大于文件中现有的记录数，则会读入一个空记录；变量的各个分量会自动填入其数据默认值。

8.2.4 二进制文件的访问

1. 二进制文件的打开和关闭

1）打开二进制文件

使用 For Binary 关键字来打开二进制文件,语法为

    Open 文件名,For Binary As [#] 文件号

以二进制形式打开的文件既可以读也可以写。如果文件不存在,则创建新文件。数据读入,在数据量很大时或只想修改某一记录时,显得非常不方便。

2）关闭二进制文件

关闭打开的二进制文件的方法与顺序文件和随机文件相同。

2. 二进制文件的写操作

访问二进制文件与访问随机文件类似,也是用 Get 和 Put 语句读入,区别在于二进制文件读写单位是字节,而随机文件读写单位是记录。

写二进制文件的语句形式为

    Put [#]文件号、[写位置]、表达式

说明:

（1）"文件号"代表一个以二进制方式的打开文件;

（2）"写位置"为长整型参数,指定数据要写到文件中的位置（从文件开头以字节为单位计算）,若省略此参数,则紧接上一次操作的位置写入;如果尚未进行读写操作,则为文件头;

（3）"表达式"是要写入文件中数据的来源,表达式的值可以是任意类型;

（4）如果指定位置上原来有数据,则会被新写入的数据覆盖;当指定位置超出文件末尾时,会使文件变大。

3. 二进制文件的读操作

该二进制文件的语句形式为

    Get [#]文件号、[读位置]、变量名

说明:

（1）"文件号"代表一个以二进制方式的打开文件;

（2）"读位置"指定要读入的数据在文件中的位置（从文件开头以字节为单位）,若省略此参数,则紧接上一次操作的位置开始读;如果尚未进行读写操作,从文件头开始读入;

（3）如果指定位置超出文件长度,并不会出错,读入的是变量类型的默认值;

（4）"变量名"指定从文件中读出的数据要存入的变量,此变量的类型要与读入的数

据类型相符；

（5）从文件中读出的字节数等于变量长度，在读入字符串数据时，读入的字符数与接收变量在读入前存放的字符数相等。

【案例 8-5】 在 C 盘根目录下建立一个名为 test. dat 的二进制文件，对其进行读/写操作。

```
Private Sub Form_Click()
    Dim sTem As String,dtTmp As Date,blTmp As Boolean,intTmp As Integer
    Open"c:\test.dat" For Binary As #1
    Put #1,1,"Welcome!"
    Put #1,,True
    Put #1,,340
    Put #1,,#4/19/2009#
    sTem=String(Len("Welcome!"),"")
    Get #1,1,sTem
    Get #1,,blTmp
    Get #1,,intTmp
    Get #1,,dtTmp
    Close #1
    Print sTem,blTmp,intTmp,dtTmp
End Sub
```

运行程序，并用鼠标单击窗体，结果如图 8-8 所示。

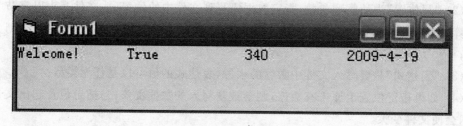

图 8-8　运行结果

8.3　设计与实现

1. 设计思路

本应用程序使用随机文件存储通讯录信息，用到了随机文件的写操作，删除操作，修改以及查找操作，界面设计是一个窗体，上面分别有添加按钮、插入按钮、删除按钮和修改按钮。当执行添加操作时，向这个随机文件的末尾插入一条记录。当执行插入操作时，将最后一个记录到当前记录之间的所有记录按从后向前的顺序，依次向后移动一个记录的位置，这样就会将当前记录空出，用来存放新的通讯录信息。删除当前记录的方法是把除当前记录以外的所有记录拷贝到一个新文件中,然后删除老文件,并将新文件重新命名为老文件的文件名,修改记录则修改当前的记录。

单击"上一条"按钮时,显示上一条记录;单击"下一条"按钮时,显示下一条记录。

2. 设计步骤

1）新建工程

本项目的工程由一个窗体和一个标准模块组成,如图 8-9 所示。窗体是应用程序的界面,标准模块用来定义通讯录记录类型和全局变量。

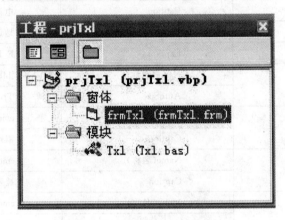

图 8-9 "工程资源管理器"窗口

2）设计界面

窗体设计界面如图 8-10 所示。界面由标签、文本框、命令按钮以及框架控件构成。

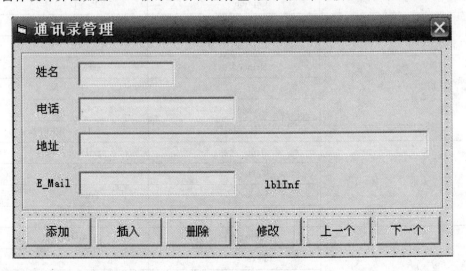

图 8-10 窗体设计界面

有关属性的设置见表 8-2。

表 8-2　工程、窗体及控件属性值设置

对象	属性	设置值
工程	Name(名称)	prjTxl
窗体	Name(名称)	frmTxl
	BorderStyle	1-Fixed Single
	Caption	通讯录管理
框架	Caption	
标签	Caption	姓名
标签	Caption	电话
标签	Caption	地址
标签	Caption	E_Mail
标签	Name(名称)	lblInf
	AutoSize	True
命令按钮	Name(名称)	cmdAdd
	Caption	添加
命令按钮	Name(名称)	cmdIns
	Caption	插入
命令按钮	Name(名称)	cmdDel
	Caption	删除
命令按钮	Name(名称)	cmdModify
	Caption	修改
命令按钮	Name(名称)	cmdBefore
	Caption	上一个
命令按钮	Name(名称)	cmdNext
	Caption	下一个
文本框	Name(名称)	txtName
	Text	
	Locked	True
	BackColor	&H0080FFFF&
文本框	Name(名称)	txtPhone
	Text	
	Locked	True
	BackColor	&H0080FFFF&
文本框	Name(名称)	txtAddr
	Text	
	Locked	True
	BackColor	&H0080FFFF&

对象	属性	设置值
	Name(名称)	txtMail
文本框	Text	
	Locked	True
	BackColor	&H0080FFFF&

3）编写代码

（1）在标准模块 Txl.bas 的代码窗口编写如下程序代码。

```
Option Explicit
'通讯录自定义数据类型
Public Type tx1Type
    strName As String*10 '姓名
    strPhone As String*15 '电话
    strAddr As String*50 '地址
    strMail As String*30 '电子邮件
End Type
    '全局变量
    Public mTxl As tx1Type   '定义通讯录类型变量存放当前记录内容
    Public Rec_no As Integer  '定义变量存放当前记录号
    Public Rec_total     '定义变量存放总记录数
    Public Rec_length   '定义变量存放记录长度
    Public sFileName As String   '定义变量存放通讯录文件路径文件名
```

（2）在窗体 frmTxl.frm 的代码窗口编写如下代码。

```
Option Explicit
Private Sub Form_Load()
    '初始化
    sFileName=App.Path+"\txl.dat" '文件路径和名称设置
    Rec_length=Len(mTxl)'随机文件记录长度设置
    '打开随机文件
Open sFileName For Random As #1 Len=Rec_length
    'LOF(文件号)函数以字节方式返回被打开文件的大小
    Rec_total=LOF(1) / Rec_length'得到文件的记录数
    '判断文件中的记录数,如果大于零,则显示第一条记录
    If Rec_total>0 Then
        Rec_no=1'当前记录号为 1
        Call ShowCurrentRec   '调用显示当前记录自定义过程
    End If
    '显示当前记录号和总记录数
    lblInf.Caption=ShowRecInf   '调用自定义函数
End Sub
```

```
Private Sub cmdAdd_Click()
    '添加记录:将文本框中新输入的通讯录信息添加到文件尾
    If cmdAdd.Caption="添加" Then
        Call ClearTxt '调用自定义过程清空文本框内容
        cmdAdd.Caption="确定" '"添加"按钮标题变为"确定"
        '调用改变文本框锁定状态的自定义过程,使文本框可以编辑
        Call ChangeTxtState(False)
        '其他所有按钮禁用
        cmdIns.Enabled=False:cmdDel.Enabled=False:cmdModify.Enabled=False
        cmdBefore.Enabled=False:cmdNext.Enabled=False
    Else
        Rec_total=LOF(1)/Rec_length'得到文件的记录数
        With mTxl
            .strName=txtName.Text
            .strPhone=txtPhone.Text
            .strAddr=txtAddr.Text
            .strMail=txtMail.Text
        End With
        '在文件的末尾添加记录
        Rec_total=Rec_total+1
    Put #1,Rec_total,mTxl
    Rec_no=Rec_total'添加后,当前记录赋成最后一条记录
    cmdAdd.Caption="添加"  '添加后,"确定"按钮标题变回"添加"
    '调用改变文本框锁定状态的自定义过程,使文本框不能编辑
    Call ChangeTxtState(True)
    '其他所有按钮使能
    cmdIns.Enabled=True:cmdDel.Enabled=True:cmdModify.Enabled=True
    cmdBefore.Enabled=True:cmdNext.Enabled=True
    '显示当前记录号和总记录数
    lblInf.Caption=ShowRecInf
    End If
End Sub


Private Sub cmdIns_Click()
    '插入记录:将文本框中新输入的通讯录信息插入到当前记录上
    '插入操作过程:将最后一个记录到当前记录之间的所有记录按从后向前的顺序
    '依次向后移动一个记录的位置,这样就会将当前记录空出,用来存放新的通讯录信息
    Dim i As Integer
    If cmdIns.Caption="插入" Then
        Call ClearTxt
        cmdIns.Caption="确定" '"插入"按钮标题变为"确定"
        '所有文本框能编辑
```

```
        Call ChangeTxtState(False)
        '其他所有按钮禁用
        cmdAdd.Enabled=False:cmdDel.Enabled=False:cmdModify.Enabled=False
        cmdBefore.Enabled=False:cmdNext.Enabled=False
    Else
        Rec_total=LOF(1)/Rec_length'得到文件的记录数
        If Rec_total=0 Then Rec_no=1 '如果文件为空,则当前记录号赋成1
        For i=Rec_total To Rec_no Step-1
        Get #1,i,mTxl
        Put #1,i+1,mTxl
        Next i
        With mTxl
            .strName=txtName.Text
            .strPhone=txtPhone.Text
            .strAddr=txtAddr.Text
            .strMail=txtMail.Text
        End With
    Put #1,Rec_no,mTxl
        '记录数加1
        Rec_total=Rec_total+1
        cmdIns.Caption="插入"
        '所有文本框不能编辑
        Call ChangeTxtState(True)
        '其他所有按钮使能
        cmdAdd.Enabled=True:cmdDel.Enabled=True:cmdModify.Enabled=True
        cmdBefore.Enabled=True:cmdNext.Enabled=True
        '显示当前记录号和总记录数
        lblInf.Caption=ShowRecInf
    End If
End Sub

Private Sub cmdDel_Click()
    '删除记录:删除当前记录的方法是把除当前记录以外的所有记录拷贝到一个新文件中
    '然后删除老文件,并将新文件重新命名为老文件的文件名
    Dim i As Integer
    Rec_total=LOF(1)/Rec_length
    '总记录数大于零时才执行删除操作
    If Rec_total>0 Then
    Open sFileName&".temp" For Random As #2 Len=Rec_length
        For i=1 To Rec_total
            If i<>Rec_no Then
            Get #1,i,mTxl
```

```
                Put #2,,mTxl
                End If
           Next i
      Close #1,#2  '关闭老文件和新文件
           '当删除记录前的总记录数等于当前记录号时,当前记录号减 1
           If Rec_total=Rec_no Then Rec_no=Rec_no-1
           Rec_total=Rec_total-1'总记录数减 1
           Kill(sFileName)'将老文件从磁盘上删除
      Name sFileName&".temp" As sFileName  '重命名新文件名为老文件名
      Open sFileName For Random As #1 Len=Rec_length '重新打开文件
           Call ShowCurrentRec  '显示当前记录
           '显示当前记录号和总记录数
           lblInf.Caption=ShowRecInf
      End If
End Sub


Private Sub cmdModify_Click()
     '修改记录
     If Rec_no=0 Then Exit Sub '文件为空时退出修改过程
     If cmdModify.Caption="修改" Then
        cmdModify.Caption="确定"
        '所有文本框能编辑
        Call ChangeTxtState(False)
        '其他所有按钮禁用
        cmdAdd.Enabled=False:cmdDel.Enabled=False:cmdIns.Enabled=False
        cmdBefore.Enabled=False:cmdNext.Enabled=False
     Else
        With mTxl
             .strName=txtName.Text
             .strPhone=txtPhone.Text
             .strAddr=txtAddr.Text
             .strMail=txtMail.Text
        End With
     Put #1,Rec_no,mTxl
        cmdModify.Caption="修改"
        '所有文本框不能编辑
        Call ChangeTxtState(True)
        '其他所有按钮使能
        cmdAdd.Enabled=True:cmdDel.Enabled=True:cmdIns.Enabled=True
        cmdBefore.Enabled=True:cmdNext.Enabled=True
     End If
End Sub
```

```
Private Sub cmdBefore_Click()
    '显示上一个记录
    If Rec_no>1 Then
        Rec_no=Rec_no-1
        Call ShowCurrentRec
        '显示当前记录号和总记录数
        lblInf.Caption=ShowRecInf
    End If
End Sub


Private Sub cmdNext_Click()
    '显示下一个记录
    If Rec_no<Rec_total Then
        Rec_no=Rec_no+1
        Call ShowCurrentRec
        '显示当前记录号和总记录数
        lblInf.Caption=ShowRecInf
    End If
End Sub


Private Sub Form_Unload(ByVal Cancel As Integer)
    '窗体卸载
Close #1
End Sub


Private Sub ShowCurrentRec()
    '显示当前记录自定义过程
    If Rec_no>0 Then
    Get #1,Rec_no,mTxl
        With mTxl
            txtName.Text=.strName
            txtPhone.Text=.strPhone
            txtAddr.Text=.strAddr
            txtMail.Text=.strMail
        End With
    Else
        Call ClearTxt
    End If
End Sub


Private Sub ClearTxt()
    '清除各文本框内容的自定义过程
```

```
        txtName.Text=""
        txtPhone.Text=""
        txtAddr.Text=""
        txtMail.Text=""
End Sub

Private Sub ChangeTxtState(ByVal bl As Boolean)
        '改变文本框 Lccked 状态自定义过程
        'Lccked=True,不能编辑,反之可以编辑
        txtName.Locked=bl
        txtPhone.Locked=bl
        txtAddr.Locked=bl
        txtMail.Locked=bl
End Sub

Private Function ShowRecInf()As String
        '显示当前记录号和记录总数信息的用户自定义函数
        ShowRecInf="当前记录号" & Rec_no & "/" & "记录总数" & Rec_total
End Function
```

4) 运行程序

程序运行结果如图 8-11 所示。

图 8-11   窗体运行界面

8.4   知 识 进 阶

VB 提供了两种方法来对文件进行操作:一种是使用传统的文件 I/O 语句;另一种是

使用文件系统对象(File System Object,FSO)。传统的方法 VB 的各个版本都支持,而 FSO 是 VB 6.0 版本的新增的对象模型。

8.4.1 文件操作函数和语句

VB 提供了很多与文件操作有关的函数和语句,因而用户可以方便地对文件或目录进行复制、删除等维护工作。

1. FileCopy 语句

格式:FileCopy 源文件,目标文件

功能:复制一个文件。

说明:"源文件"和"目标文件"分别用来表示要被复制的源文件和目标文件名,可以包括目录、文件夹或驱动器。FileCopy 语句不能复制一个已打开的文件。

例如,将 C 盘根目录下的数据文件 test.dat 复制到 D 盘根目录下:

```
Dim sFile As String,dFile As String
sFile=" c:\test.dat "          '指定源文件名
dFile=" d:\test.dat "          '指定目的文件名
FileCopy sFile,dFile           '将源文件的内容复制到目的文件中
```

2. Kill 语句

格式:Kill 文件名

功能:删除文件。

说明:"文件名"用来指定要删除的文件,可以包括目录、文件夹或驱动器,可以使用通配符"＊"(代表任意多个字符)和"?"(代表任意一个字符)。如果文件打开,则不能删除。

例如:

```
Kill "d:\*.txt"          '将 D 盘根目录下的所有扩展名为 txt 的文件全部删除
```

3. Name 语句

格式:Name 旧文件名 As 新文件名

功能:文件重命名。

说明:

(1)"旧文件名"和"新文件名"为字符串表达式,分别指定已存在的文件和新文件的文件名和位置,可以包含目录、文件夹或驱动器,不能使用通配符"＊"和"?";

(2)不能对一个已打开的文件使用 Name 语句;

(3)Name 语句不能创建新文件、目录或文件夹;

(4)如果"旧文件名"和"新文件名"的路径不同,则可重命名文件并将其移动到相应的目录或文件夹中;

(5)"新文件名"所指定的文件名不能是已有的文件,否则将出错。

例如:

```
Name "d:\test .dat" As "d:\test.txt"
```

4. ChDrive 语句

格式:ChDrive drive

功能:改变当前驱动器。

说明:字符串表达式 drive 的首字符指定将要改变到的驱动器名称。

例如:

```
ChDrive "D"    '使 D:成为当前驱动器
```

5. ChDir 语句

格式:ChDir path

功能:改变当前目录

说明:

(1) 字符串表达式 path 指定将要改变到的默认目录名称;

(2) 改变默认目录并不改变默认驱动器;

(3) 如果没有指定驱动器,则改变的是当前驱动器上的默认目录。

例如,如果默认的驱动器是 C,则下面的语句将会改变驱动器 D 上的默认目录,但是 C 仍然是默认的驱动器:

```
ChDir "D:\vbbook"
```

6. MkDir 语句

格式:MkDir path

功能:创建一个新的目录。

说明:

(1) Path 参数是一个字符串表达式,用来指定要创建的目录;

(2) Path 应是完整路径,如果其中没有指定驱动器,则 MkDir 会在默认驱动器上创建新的目录。

例如:

```
MkDir "d:\test1"        '创建新目录 d:\test1
MkDir "\test2"          '在默认驱动器的根目录下创建新目录 test2
MkDir "test3"           '在默认驱动器的默认路径下创建目录 test3
```

7. RmDir 语句

格式:RmDir path

功能:删除一个存在的目录。

说明:

(1) Path 参数是一个字符串表达式,指定要删除的目录;

(2) Path 应是完整路径,如果其中没有指定驱动器,则 RmDir 会在默认驱动器上删除目录;

(3) RmDir 不能删除一个含有文件的目录。如果要删除,则应先使用 Kill 语句删除目录下的所有文件。

例如：

```
RmDir "d:\test 1"        '删除目录 d:\test 1
RmDir "\test 2"          '在默认驱动器的根目录下删除目录 test 2
RmDir "\test 3"          '在默认驱动器的默认路径下删除目录 test 3
```

8. LOF 函数

格式：LOF(文件号)

功能：返回一个由文件号指定的已打开文件的大小，类型为 Long，单位是字节。

例如：LOF(1)返回♯1 文件的长度。

9. FileLen 函数

格式：FileLen(文件号)

功能：返回一个未打开文件的大小，类型为 Long，单位是字节。文件名可以包含驱动器和目录。

例如，使用 FileLen 函数获取未打开文件 c:\test.dat 的大小。

```
Dim Mysize As Long
Mysize=FileLen("c:\test.dat")
```

10. EOF 函数

格式：.EOF(文件号)

功能：此函数测试当前读\写位置是否位于"文件号"所代表文件的末尾。如果是，则返回 True；否则，返回 False。

11. Seek 函数

格式：Seek(文件号)

功能：此函数返回"文件号"指定文件中的当前读\写位置，返回值为长整型。如果程序中下一条读\写操作语句没有提供读\写位置参数，默认地就会从这个位置开始读\写。

说明：

（1）对于随即文件，返回值表示记录号；

（2）对于顺序文件或二进制文件，返回值表示从文件开头算起以字节为单位的位置。

12. Seek 语句

格式：Seek[♯]文件号,位置

功能：Seek 语句将"文件号"所代表文件的下一次读\写位置设置在"位置"参数（长整型）指定处。

说明：

（1）随机文件的"位置"参数单位是记录，二进制文件"位置"参数是字节；

（2）不能使用 Seek 语句来移动顺序文件的读\写位置。

13. Dir 函数

格式：Dir[(pathname[,attributes])]

功能:用来测试一个指定路径下是否有指定文件和文件夹(目录),被测试的文件和文件夹名可以包含通配符"＊"和"?"。除了文件和文件夹的名称之外,还可以指定其属性。

说明:

(1) Pathname 为可选参数,用来指定文件名的字符串表达式,可能包含目录或文件夹以及驱动器;如果没有找到 Pathname,则会返回零长度字符串(" ");

(2) attributes 为可选参数,常数或数值表达式,其总和用来指定文件和文件夹的属性;如果省略,则会返回匹配 pathname 但不包含属性的文件(可设置的值见表 8-3);

表 8-3　attributes 参数可设置的参数值

值	常数	描述
0	vbNormal	(默认)常规文件
1	vbReadOnly	常规文件与只读文件
2	vbHidden	常规文件与隐藏文件
4	vbSystem	常规文件与系统文件
8	vbVol	驱动器的卷标。如果指定了其他属性,则忽略
16	vbDirectory	常规文件与文件夹(目录)

(3) Dir 会返回匹配 pathname 的第一个文件名。若想得到其他匹配的文件名,在一次调用不使用参数的 Dir 函数;如果已没有合乎条件的文件,Dir 会返回一个空字符串" "。

例如:

```
Dim s As String
s=Dir("d:\test.txt")
If Len(s)>0 Then MsgBox("D:根目录下存在 test.txt 文件")
s=Dir("d:\vbbook",vbDirectory)
If Len(s)>0 Then MsgBox("D:根目录下存在 vbbook 目录")
```

14. FreeFile 函数

格式:FreeFile[(范围)]

功能:返回一个尚未被占用的文件号。

说明:参数"范围"可以是 0(默认值)或 1,表示文件号的范围。FreeFile 或 FreeFile(0)返回 1~255 之间未使用的文件号;FreeFile(1)返回 256~511 之间未使用的文件号。

15. CurDir 函数

格式:CurDir[(drive)]

功能:此函数返回一个字符串值,该字符串表示指定驱动器上的默认目录。

说明:

(1) Drive 参数是一个字符串表达式,它的第一个字符指定一个现有的驱动器;

(2) 如果没有指定驱动器,或 drive 是空字符串"",则 CurDir 函数返回当前驱动器上的默认目录。

例如:

```
Dim s As String
s=CurDir("D")
MsgBox"D盘驱动器上的默认目录是:" & s
s=CurDir
MsgBox"默认驱动器上的默认目录是:" & s
```

16. GetAttr 函数

格式：GetAttr(pathname)

功能：此函数返回一个整形值，表示字符串类型参数 pathname 所指定的文件或文件夹的属性。GetAttr 函数的返回值是表 8-4 中所列属性值中的一个或多个之和。

表 8-4　GetAttr 函数返回值

值	常数	描述
0	vbNormal	常规
1	vbReadOnly	只读
2	vbHidden	隐藏
4	vbSystem	系统
16	vbDirectory	文件夹（目录）
32	vbArchive	上次备份以后，文件已经改变

例如：可以使用表达式 GetAttr("c:\a.doc")And2 判断一个文件是否为隐藏文件，如果文件 c:\a.doc 为隐藏文件，则表达式的值为 True。

8.4.2　文件系统对象及引用

本章前面介绍的是一种传统的对文件进行操作的方法，但功能有限。在 VB 6.0 中新增了文件系统对象（File System Objects，FSO）模型，它提供了一整套对文件系统进行管理和操作的方法和属性。

1）FSO 对象的内容

在 FSO 对象模型中主要有表 8-5 所示的 5 个对象，通过这些对象实现 FSO 的编程。

表 8-5　FSO 对象模型中主要的 5 个对象

对象	描述
Driver	提供关于系统所用的驱动器信息，诸如驱动器有多少可用空间，其共享名称是什么
Folder	允许创建、删除或移动文件夹，并向系统查询文件夹的名称、路径等
Files	允许创建、删除或移动文件，并向系统查询文件的名称、路径等
FileSystemObject	该组的主要对象，提供一整套用于创建、删除、收集相关信息，以及通常的操作驱动器、文件夹和文件的方法。与本对象相关联的很多方法复制了其他对象中的方法
TextStream	提供读/写文本文件的操作

2）FSO 对象的功能

（1）获得驱动器的信息，如驱动器列表、盘符、磁盘空间等。

（2）获得文件或文件夹的信息，如名称、创建日期、修改日期等。

（3）检查指定文件夹或文件是否存在，如果存在，在什么位置。

（4）文件夹或文件的删除、移动、复制等操作。

（5）对文本文件的读\写操作。

3）引用"Microsoft Scripting Runtime"对象模块

要使用 File System Object(FSO)对象，先要引用"Microsoft Scripting Runtime"对象模块，引用方法的步骤如下：

（1）单击"工程"菜单；

（2）选择"引用"命令；

（3）在下拉列表项里面找到"Microsoft Scripting Runtime"，并单击加上"√"；

（4）单击"引用"对话框中"确定"按钮，既可将 FSO 对象模型引入到工程中。

4）在对象浏览器中可查看对象

引用后，选择"视图│对象浏览器"菜单命令，打开"对象浏览器"对话框，从中可查看到"Scripting"模块中的 Drive，Folder，Files，File System Object 等对象，如图 8-12 所示。

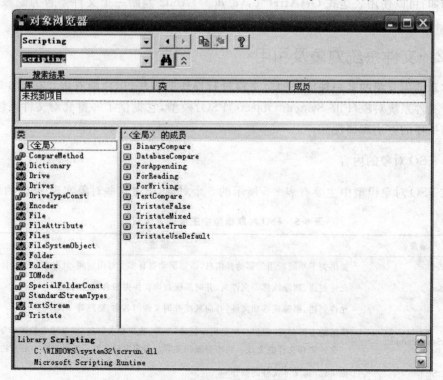

图 8-12　"对象浏览器"对话框

8.4.3 使用 FSO 对象的基本方法

File System Object 对象是 FSO 模型中的核心对象，在应用程序中使用 FSO 编程的基本方法如下：

（1）先创建一个 File System Object 对象；

（2）根据应用程序的需要，通过调用 File System Object 对象中的方法来创建一个新的对象，如 Drive 对象、Folder 对象等；

（3）通过读取新对象的属性值获得用户所需的信息或利用对象的方法进行所需的操作。

创建 File System Object 对象的方法有两种：

方法一 使用 New 关键字声明一个变量为 File System Object 对象类型。其语法格式为

```
Dim 变量名 As New File System Object
```

例如：Dim mfso As New File System Object

方法二 使用 CreatObject 关键字声明一个变量为 File System Object 对象。其语法格式为

```
Set 变量名=CreatObject("Scripying.File System Object")
```

例如：Dim mfso As Object

　　Set mfso=CreatObject("Scripying.File System Object")

在上面的语法中，Scripying 是类型库名称，而 File System Object 则是想要创建的一个实例的对象的名称。

1. 用 Drive 对象管理驱动器

File System Object 对象用于驱动器操作有两种常用方法。

方法一 用 DriveExists(磁盘)：指定的驱动器是否存在。

方法二 用 GetDrive(磁盘)：返回代表该磁盘的 Drive 对象。

Drive 对象允许获得一个系统的各个驱动器信息，这些驱动器可以是物理的，也可以是位于网络上的。通过该对象的属性可以获得下列信息：

（1）以字节表示的驱动器总空间（TotalSize 属性）；

（2）以字节表示的驱动器可用空间（AvailableSpace 或 FreeSpace 属性）；

（3）给驱动器指定的字母号（DriveLetter 属性）；

（4）驱动器类型、诸如软盘、硬盘、远程（网络）盘、光盘，或者 RAM 盘（DriveType 属性）；

（5）驱动器序列号（SerialNumber 属性）；

（6）驱动器使用的文件系统类型，诸如 FAT，TAT32，NTFS 等（File System 属性）；

（7）驱动器是否可用（IsReady 属性）；

（8）共享和/或卷标的名称（ShareName 和 VolumeName 属性）；

（9）驱动器的路径或根文件夹（Path 和 RootFolder 属性）。

其中，DriveType 属性返回表 8-6 所列的值。

表 8-6　DriveType 属性返回值

返回值	描述
CDRom	只读光盘驱动器
Fixed	硬盘驱动器
RamDisk	RAM 驱动器
Remote	远程驱动器
Removable	软盘驱动器
Unknown	未知类型驱动器

2. 用 Folder 对象管理文件夹

File System Object 对象用于文件夹操作的常用方法见表 8-7。

表 8-7　File System Object 对象用于文件夹操作的常用方法

方法	描述
FileSystemObject. CreateFolder(文件夹)	创建一个文件夹
FileSystemObject. DeleteFolder(文件夹[,只读属性删除否])或 Folder. Delete([,只读属性删除否])	删除一个文件夹
FileSystemObject. MoveFolder(源文件夹,目标文件夹)或 Folder: Move (目标文件夹)	移动一个文件夹
FileSystemObject. CopyFolder(源文件夹,目标文件夹[,存在的文件夹覆盖否])或 Folder. Copy(目标文件夹[,存在的文件夹覆盖否])	复制一个文件夹
FolderExists(文件夹路径)	检查文件夹是否存在
GetFolder(文件夹路径)	获得已有 Folder 对象的一个实例
GetParentFolderName(文件夹路径)	获得当前文件夹的父文件夹名称

Folder 对象的常用属性见表 8-8。

表 8-8　Folder 对象的常用属性

属性	描述
Attributes	文件夹的属性(文档、只读、隐藏、系统)
DateCreated	文件夹建立的日期
DateLastAccessed	文件夹最后一次访问的日期
DateLastModified	文件夹最后一次修改的日期
Drive	返回文件夹的 Drive 对象
Files	该文件夹中所有文件的集合
IsRootFolder	是否为根目录(文件夹)
Name	文件夹名称
ParentFolder	返回该文件夹的父 Folder 对象
Path	文件夹的完整路径名称
Size	整个文件夹占用的磁盘空间大小
SubFolders	返回该文件夹中所有子文件夹的集合

3. 用 File 对象管理文件

File System Object 对象用于文件夹操作的常用方法见表 8-9。

表 8-9　File System Object 对象用于文件夹操作的常用方法

方法	描述
FileSystemObject. MoveFile(源文件,目标文件)或 File. Move(目标文件)	移动一个文件
FileSystemObject. CopyFile(源文件,目标文件[,存在的文件覆盖否])或 File. Copy(目标文件[,存在的文件覆盖否])	复制一个文件
FileSystemObject. DeleteFile(文件[,只读属性删除否])或 File. Delete(文件[,只读属性删除否])	删除一个文件

File 对象常用属性见表 8-10。

表 8-10　File 对象常用属性

属性	描述
Attributes	文件的属性(普通、文档、只读、隐藏、系统)
DateCreated	文件建立的日期
DateLastAccessed	文件最后一次访问的日期
DateLastModified	文件最后一次修改的日期
Drive	返回文件的 Drive 对象
Name	文件名称
ParentFolder	返回文件所在的 Folder 对象
Path	文件的完整路径名称
Size	文件占用的磁盘空间大小
Type	文件的类型

4. 用 TextStream 对象读/写文本文件

File System Object 对象模型还提供了 TextStream 对象,用来读/写顺序文件。

1) 打开顺序文件

可分别通过 File System Object 对象或 File 对象来打开文本文件。

方法一　通过 File System Object 对象打开"c:\test. txt":

```
Dim fso As New FileSystemObject
Dim ts As TextStream '声明 TextStream 对象
'OpenTextFile 函数的第 3 个参数表示当要打开的文件不存在时,是否要创建一个新文件
Set ts=fso.OpenTextFile("c:\test.txt",ForReading,True)
```

方法二　通过 File 对象打开"c:\test. txt":

```
Dim fso As New FileSystemObject,fil As File
```

```
Dim ts As TextStream '声明 TextStream 对象
Set fil=fso.GetFile("c:\test.txt")
Set ts=fil.OpenAsTextStream(ForReading)
```

上述两种方法均以读的方式打开文本文件。其中，ForReading 表示从文件中读出信息。此外，ForWriting 表示向文件写信息，ForAppending 表示向文件添加信息。

2）TextStream 对象的常用属性及方法

TextStream 对象的常用属性见表 8-11。

表 8-11　TextStream 对象的常用属性

属性	描述
AtEndOfLine	以 ForReading 方式打开的文件，是否到达行尾
AtEndOfStream	以 ForReading 方式打开的文件，是否到达文件尾
Column	当前字符所在的列数
Line	当前字符所在的行数

TextStream 对象的常用方法见表 8-12。

表 8-12　TextStream 对象的常用方法

方法	描述
Read(n)	读取 n 个字符
ReadAll	读取整个文件的全部字符
ReadLine	读一行，但不包括换行符
Skip(n)	跳过 n 个字符
SkipLine	跳过一行
Write(字符串)	将字符串写入文件
WriteBlankLines(n)	写入 n 个换行符
WriteLine(字符串)	将字符串和换行符写入文件
Close	关闭打开的文件

8.5　项 目 实 战

8.5.1　实战 1：利用 Drive 对象获取驱动器信息

新建一个工程，在窗体上添加一个标签和一个驱动器列表框控件，编写程序，利用 Drive 对象获取驱动器信息。

分析：要使用 Drive 对象，首先要声明一个 Drive 类型的变量，接着使用 File System Object 对象的 GetDrive 方法返回一个 Drive 对象，并赋给 Drive 类型的变量。以后便可以通过 Drive 类型的变量的属性获取所需的信息了。

(1) 窗体设计界面如图 8-13 所示。

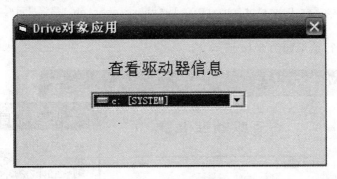

图 8-13　窗体设计界面

(2) 有关属性的设置见表 8-13。

表 8-13　有关属性设置

对象	属性	设置值
工程	Name(名称)	prjDrive
窗体	Name(名称)	frmDrive
	BorderStyle	1-Fixed Single
	Caption	Drive 对象应用
标签	Caption	查看驱动器信息
	AutoSize	True
	FontSize	四号
驱动器列表框	Name(名称)	drvInf

(3) 代码编写如下：

```
Option Explicit

Private Sub drvInf_Change()
    Dim mfso As New FileSystemObject,drv As Drive,s As String
    Set drv=mfso.GetDrive(drvInf.Drive)
    On Error GoTo errorhandler
    s="驱动器名"&UCase(drvInf.Drive)&vbCrLf
    s=s&"最大空间:"&FormatNumber(drv.TotalSize/1024,0)
    s=s&"KB"&vbCrLf
    s=s&"剩余空间:"&FormatNumber(drv.FreeSpace/1024,0)
    s=s&"KB"&vbCrLf
    MsgBox s,vbOKOnly,"查看驱动器信息"
    Exit Sub
    '错误处理
errorhandler:
```

'显示系统错误对象 Err 的提示信息 Description
MsgBox Err.Description,vbOKOnly+vbExclamation,"错误提示"
End Sub

（4）程序运行结果如图 8-14 所示。

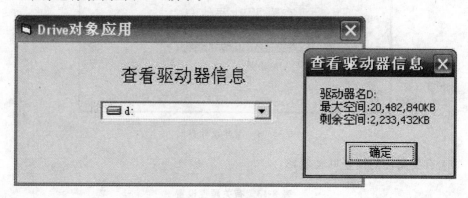

图 8-14　窗体运行界面

8.5.2　实战 2：设计一个文件夹管理程序

设计一个文件夹管理程序，完成文件夹的创建、复制、移动、删除等操作。实现步骤如下。

（1）窗体设计界面如图 8-15 所示。窗体界面有两个框架、两个驱动器列表框、两个目录列表框及 5 个命令按钮组成。

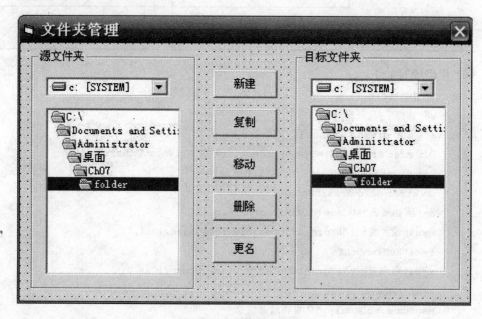

图 8-15　窗体设计界面

（2）有关属性的设置见表 8-14。

表 8-14 有关属性设置

对象	属性	设置值
工程	Name（名称）	prjFolder
窗体	Name（名称）	frmFolder
	BorderStyle	1-Fixed Single
	Caption	文件夹管理
框架	Caption	源文件夹
框架	Caption	目标文件夹
命令按钮	Name（名称）	cmdNew
	Caption	新建
命令按钮	Name（名称）	cmdCopy
	Caption	复制
命令按钮	Name（名称）	cmdMove
	Caption	移动
命令按钮	Name（名称）	cmdDelete
	Caption	删除
命令按钮	Name（名称）	cmdRename
	Caption	更名
驱动器列表	Name（名称）	drvSource
驱动器列表	Name（名称）	drvDest
目录列表框	Name（名称）	dirSource
目录列表框	Name（名称）	dirDest

（3）代码编写如下：

```
Option Explicit
Dim fso As New FileSystemObject,fld As Folder

Private Sub cmdNew_Click()
'新建文件夹
Dim sR As String,sPath As String
    Set fld=fso.GetFolder(dirSource.Path)
    sR=InputBox("请输入新建文件夹的名称:","输入对话框","新建文件夹")
    If Len(Trim(sR))<>0 Then
        sPath=IIf(Right(fld.Path,1)="\",fld.Path&sR,fld.Path&"\"&sR)
        Set fld=fso.CreateFolder(sPath)
    End If
    Call RefDirControl '刷新目录列表框控件
End Sub
```

```
Private Sub cmdCopy_Click()
'复制文件夹
    Set fld=fso.GetFolder(dirSource.List(dirSource.ListIndex))
    'Folder 对象的 Copy 方法与 FSO 对象的 CopyFolder 方法类似
    fld.Copy(IIf(Right(dirDest.Path,1)="\",dirDest.Path,dirDest.Path&"\")),False
    Call RefDirControl '刷新目录列表框控件
End Sub


Private Sub cmdMove_Click()
'移动文件夹
    Set fld=fso.GetFolder(dirSource.List(dirSource.ListIndex))
    If drvSource.Drive<>drvDest.Drive Then
        MsgBox"不能在不同的驱动器间移动!",vbOKOnly+vbExclamation,"移动"
    Else
        'Folder 对象的 Move 方法与 FSO 对象的 MoveFolder 方法类似
        fld.Move(IIf(Right(dirDest.Path,1)="\",dirDest.Path,dirDest.Path&"\"))
    End If
    Call RefDirControl '刷新目录列表框控件
End Sub


Private Sub cmdDelete_Click()
'删除文件夹
    Dim intR As Integer
        Set fld=fso.GetFolder(dirSource.List(dirSource.ListIndex))
        intR=MsgBox("真的要删除以下文件夹吗?"&vbCrLf&vbCrLf&fld.Path,
            _vbOKCancel+vbInformation+vbDefaultButton2,"删除文件夹")
    'Folder 对象的 Delete 方法与 FSO 对象的 DeleteFolder 方法类似
    If intR=vbOK Then fld.Delete
    Call RefDirControl '刷新目录列表框控件
End Sub


Private Sub cmdRename_Click()
'更名文件夹
Dim sR As String
    Set fld=fso.GetFolder(dirSource.List(dirSource.ListIndex))
    sR=InputBox("请输入新的文件夹名:","文件夹更名",fld.Name)
    If Len(Trim(sR))<>0 Then fld.Name=sR
    Call RefDirControl '刷新目录列表框控件
End Sub
```

```
Private Sub drvSource_Change()
'驱动器列表框中当前驱动器的变动引发目录列表框中当前目录的变化
    dirSource.Path=drvSource.Drive
End Sub


Private Sub drvDest_Change()
'驱动器列表框中当前驱动器的变动引发目录列表框中当前目录的变化
    dirDest.Path=drvDest.Drive
End Sub


Private Sub RefDirControl()
'刷新目录列表框控件的用户自定义过程
    dirSource.Refresh
    dirDest.Refresh
End Sub
```

（4）程序运行结果如图 8-16 所示。

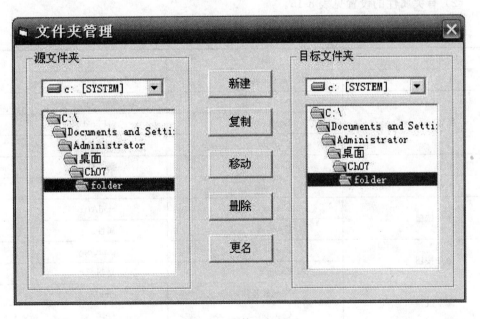

图 8-16　窗体运行界面

8.5.3　实战3：设计一个文件管理程序

设计一个文件管理程序，完成文件的属性查看、复制、移动、删除等操作。实现步骤如下。

（1）窗体设计界面如图 8-17 所示。

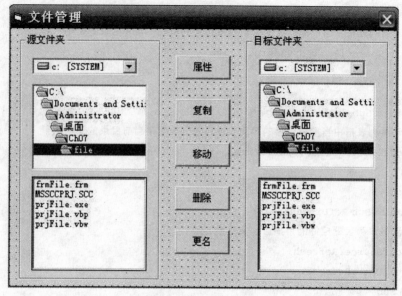

图 8-17　窗体设计界面

（2）有关属性的设置见表 8-15。

表 8-15　有关属性设置

对象	属性	设置值
工程	Name(名称)	prjFile
窗体	Name(名称)	frmFile
	BorderStyle	1-Fixed Single
	Caption	文件管理
框架	Caption	源文件夹
框架	Caption	目标文件夹
命令按钮	Name(名称)	cmdAttr
	Caption	属性
命令按钮	Name(名称)	cmdCopy
	Caption	复制
命令按钮	Name(名称)	cmdMove
	Caption	移动
命令按钮	Name(名称)	cmdDelete
	Caption	删除
命令按钮	Name(名称)	cmdRename
	Caption	更名
驱动器列表框	Name(名称)	drvSource
驱动器列表框	Name(名称)	drvDest
目录列表框	Name(名称)	dirSource

对象	属性	设置值
目录列表框	Name(名称)	dirDest
文件列表框	Name(名称)	filSource
文件列表框	Name(名称)	filDest

(3) 代码编写如下。

```
Option Explicit
Dim fso As New FileSystemObject,fil As File,s As String

Private Sub cmdAttr_Click()
'查看文件属性
On Error GoTo errorhandler
    s=IIf(Right(filSource.Path,1)="\",filSource.Path,filSource.Path&"\")
    Set fil=fso.GetFile(s&filSource.FileName)
    s="文件名:"&fil.Name&vbCrLf
    s=s&"最后修改日期:"&fil.DateLastModified&vbCrLf
    s=s&"文件类型:"&fil.Type&vbCrLf
    MsgBox s,vbOKOnly+vbInformation,"文件属性信息"
    Exit Sub
'错误处理
errorhandler:
    MsgBox Err.Description,vbExclamation+vbOKOnly,"错误提示"
End Sub

Private Sub cmdCopy_Click()
'复制文件
On Error GoTo errorhandler
    s=IIf(Right(filSource.Path,1)="\",filSource.Path,filSource.Path&"\")
    Set fil=fso.GetFile(s&filSource.FileName)
    'File对象的Copy方法与FSO对象的CopyFile方法类似
    fil.Copy IIf(Right(dirDest.Path,1)="\",dirDest.Path,dirDest.Path&"\"),False
    Call RefFilControl '刷新文件列表框控件
    Exit Sub
'错误处理
errorhandler:
    MsgBox Err.Description,vbExclamation+vbOKOnly,"错误提示"
End Sub

Private Sub cmdMove_Click()
'移动文件
On Error GoTo errorhandler
    s=IIf(Right(filSource.Path,1)="\",filSource.Path,filSource.Path&"\")
```

```
    Set fil=fso.GetFile(s&filSource.FileName)
    If drvSource.Drive<>drvDest.Drive Then
        MsgBox"不能在不同的驱动器间移动!",vbOKOnly+vbExclamation,"移动"
    Else
        'File 对象的 Move 方法与 FSO 对象的 MoveFile 方法类似
        fil.Move IIf(Right(dirDest.Path,1)="\",dirDest.Path,dirDest.Path&"\")
    End If
    Call RefFilControl '刷新文件列表框控件
    Exit Sub
'错误处理
errorhandler:
    MsgBox(Err.Description,vbExclamation+vbOKOnly,"错误提示")
End Sub


Private Sub cmdDelete_Click()
'删除文件
Dim intR As Integer
On Error GoTo errorhandler
    s=IIf(Right(filSource.Path,1)="\",filSource.Path,filSource.Path&"\")
    Set fil=fso.GetFile(s&filSource.FileName)
    intR=MsgBox("真的要删除以下文件吗?"&vbCrLf&vbCrLf&fil.Name,_
        vbOKCancel+vbInformation+vbDefaultButton2,"删除文件")
    'File 对象的 Delete 方法与 FSO 对象的 DeleteFile 方法类似
    If intR=vbOK Then fil.Delete
    Call RefFilControl '刷新文件列表框控件
    Exit Sub
'错误处理
errorhandler:
    MsgBox Err.Description,vbExclamation+vbOKOnly,"错误提示"
End Sub


Private Sub cmdRename_Click()
'更名文件
On Error GoTo errorhandler
    s=IIf(Right(filSource.Path,1)="\",filSource.Path,filSource.Path&"\")
    Set fil=fso.GetFile(s&filSource.FileName)
    s=InputBox("请输入新的文件名:","文件更名",fil.Name)
    If Len(Trim(s))<>0 Then fil.Name=s
    Call RefFilControl '刷新文件列表框控件
    Exit Sub
'错误处理
errorhandler:
    MsgBox(Err.Description,vbExclamation+vbOKOnly,"错误提示")
End Sub
```

```
Private Sub drvSource_Change()
'驱动器列表框中当前驱动器的变动引发目录列表框中当前目录的变化
    dirSource.Path=drvSource.Drive
End Sub


Private Sub drvDest_Change()
'驱动器列表框中当前驱动器的变动引发目录列表框中当前目录的变化
    dirDest.Path=drvDest.Drive
End Sub


Private Sub dirSource_Change()
'目录列表框中当前目录的变化引发文件列表框中文件列表的变化
    filSource.Path=dirSource.Path
End Sub


Private Sub dirDest_Change()
'目录列表框中当前目录的变化引发文件列表框中文件列表的变化
    filDest.Path=dirDest.Path
End Sub


Private Sub RefFilControl()
'刷新文件列表框控件的用户自定义过程
    filSource.Refresh
    filDest.Refresh
End Sub
```

（4）程序运行结果如图 8-18 所示。

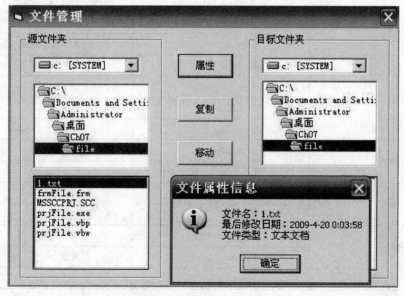

图 8-18　窗体运行界面

8.5.4 实战 4：TextStream 对象读/写文本

编写利用 File System Object 对象和 TextStream 对象读/写文本的程序。

(1) 窗体设计界面如图 8-19 所示。

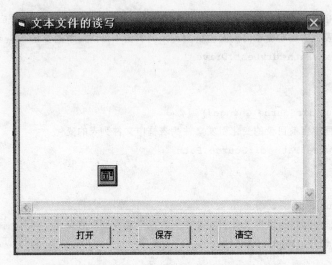

图 8-19　窗体设计界面

(2) 有关属性的设置见表 8-16。

表 8-16　有关属性设置

对象	属性	设置值
工程	Name(名称)	prjTextStream
窗体	Name(名称)	frmTextStream
	BorderStyle	1-Fixed Single
	Caption	文本文件的读/写
文本框	Name(名称)	txtFile
	Text	
	MultiLine	True
	ScrollBars	3-Both
命令按钮	Name(名称)	cmdOpen
	Caption	打开
命令按钮	Name(名称)	cmdSave
	Caption	保存
命令按钮	Name(名称)	cmdClear
	Caption	清空
通用对话框	Name(名称)	cdlTxtFile

（3）代码编写如下：

```
Option Explicit
Dim fso As New FileSystemObject,ts As TextStream,sFname As String


Private Sub Form_Load()
'初始化
    '设置通用对话框属性
    cdlTxtFile.Filter="文本文件(*.txt)|*.txt"
    cdlTxtFile.CancelError=True
End Sub


Private Sub cmdClear_Click()
'清空文本框
    txtFile.Text=""
End Sub


Private Sub cmdOpen_Click()
'打开文本文件
On Error GoTo errhandler
    cdlTxtFile.Action=1'设置通用对话框为打开文件对话框
    sFname=cdlTxtFile.FileName
    '以读入方式打开文本文件
    Set ts=fso.OpenTextFile(sFname,ForReading,False)
    txtFile.Text=ts.ReadAll
    Exit Sub
'错误处理
errhandler:
End Sub


Private Sub cmdSave_Click()
'保存文本文件
On Error GoTo errhandler
    cdlTxtFile.Action=2'设置通用对话框为保存文件对话框
    sFname=cdlTxtFile.FileName
    '以写入方式打开文本文件
    Set ts=fso.OpenTextFile(sFname,ForWriting,False)
    ts.Write(txtFile.Text)
    Exit Sub
'错误处理
errhandler:
End Sub
```

```
Private Sub Form_Unload(ByVal Cancel As Integer)
    On Error Resume Next
    ts.Close'关闭打开的文件
End Sub
```

（4）程序运行结果如图 8-20 所示。

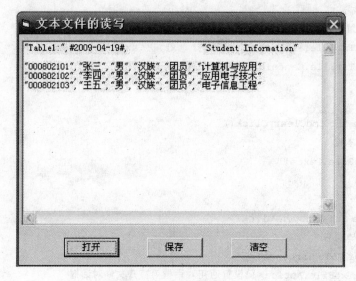

图 8-20　窗体运行界面

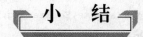

小　结

　　文件系统是 VB 应用的一个重点。本章对 VB 的文件系统进行了比较详细的阐述，并结合了具体的应用实例。希望读者能认真掌握、灵活使用。

第⑨章

数据库操作

9.1 典型项目:简单的图书管理系统

当今时代是飞速发展的信息时代。在各行各业中离不开信息处理,所以计算机被广泛应用于信息管理系统的环境中。计算机的最大好处在于利用它能够进行信息管理。使用计算机进行信息控制,不仅提高了工作效率,而且大大地提高了其安全性。

尤其是对于复杂的信息管理,计算机能够充分发挥它的优越性。计算机进行信息管理与信息管理系统的开发密切相关,系统的开发是系统管理的前提。本项目就是为了管理好图书馆信息而设计的。

我们知道,图书馆作为一种信息资源的集散地,包含很多的信息数据的管理。图书和用户借阅资料繁多,若采用对图书借阅情况进行传统人工管理,一般是借阅情况记录在借书证上,图书的数目和内容记录在文件中。因此,图书馆的工作人员和管理员也只是当时对它比较清楚,时间一长,如再要进行查询,就得在众多的资料中翻阅、查找了。这样就造成了查询的费时、费力,如要对很长时间以前的图书进行更改就更加困难了;此外由于图书馆信息比较多,图书借阅信息的管理工作混乱而又复杂、数据处理手工操作、工作量大,出错率高,出错后不易更改。

所以开发和使用相应的图书管理系统是非常必要的。通过图书管理系统使用,图书管理工作变得规范化、系统化、程序化、避免了图书管理的随意性,提高信息处理的速度和准确性,能够及时、准确、有效地查询和修改图书情况。

那么,图书管理系统需要哪些基本的功能和模块呢? 通过分析图书馆的借阅和管理工作,图书管理系统必须管理好如下工作。

(1) **书籍管理** 这一部分包括书籍类别管理和书籍信息管理两部分。其中,书籍类别管理包括添加书籍类别、修改书籍类别等;书籍信息管理包括书籍信息的添加、书籍信息的修改、书籍信息的查询、书籍信息的删除等。

(2) **读者管理** 这一部分包括读者类别管理和读者信息管理两部分。其中,读者类别管理包括添加读者类别、修改读者类别等;读者信息管理包括添加读者信息、修改读者信息、删除读者信息、查询读者信息等。

(3) **借阅管理** 这一部分包括借书信息管理和还书信息管理两部分。其中,借书信息管理包括借书信息的添加、借书信息的修改、借书信息的查询等;还书信息管理部分包括还书信息的添加、还书信息的修改、还书信息的查询等。

(4) **系统管理** 包括修改系统用户密码、增加新用户以及退出系统等。

现在,我们知道了图书管理系统所需的各个模块及相应功能。但是,在系统开发之前,我们得首先来了解一下系统开发的数据库必备知识。

9.2 必备知识

计算机的应用领域十分广泛,其中大部分是面向企事业管理部门的管理信息系统,如前面提到的图书管理系统以及各种商业系统、企业生产管理系统和政府办公系统等,这些系统需要保存和处理大量的结构化数据,其特征就是应用了数据库,因此这类应用软件处理的主要对象就是保存在数据库系统中的数据。VB可以实现对数据库的访问,从简单的数据控件到高级的数据库对象,均可以通过多种方式来操作数据库中的记录。

9.2.1 数据库的基本概念

1. 定义

当人们从不同的角度来描述这一概念时有着不同的定义(当然是描述性的)。例如,称数据库是一个"记录保存系统"(该定义强调了数据库是若干记录的集合)。又如,称数据库是"人们为解决特定的任务,以一定的组织方式存储在一起的相关的数据的集合"(该定义侧重于数据的组织)。更有甚者称数据库是"一个数据仓库",当然,这种说法虽然形象,但并不严谨。

严格地说,数据库是"按照数据结构来组织、存储和管理数据的仓库"。在经济管理的日常工作中,常常需要把某些相关的数据放进这样"仓库",并根据管理的需要进行相应的处理。例如,企业或事业单位的人事部门常常要把本单位职工的基本情况(职工号、姓名、年龄、性别、籍贯、工资、简历等)存放在表中,这张表就可以看成是一个数据库。有了这个"数据仓库"我们就可以根据需要随时查询某职工的基本情况,也可以查询工资在某个范围内的职工人数等。这些工作如果都能在计算机上自动进行,那我们的人事管理就可以达到极高的水平。此外,在财务管理、仓库管理、生产管理中也需要建立众多的这种"数据仓库",使其可以利用计算机实现财务、仓库、生产的自动化管理。

美国学者詹姆士·马丁(J. Martin)给数据库下了一个比较完整的定义:数据库是存储在一起的相关数据的集合,这些数据是结构化的,无害或不必要的冗余,并为多种应用服务;数据的存储独立于使用它的程序;对数据库插入新数据,修改和检索原有数据均能按一种公用的和可控制的方式进行。当某个系统中存在结构上完全分开的若干个数据库时,则该系统包含一个"数据库集合"。

以上只是对数据库的一种抽象的定义和描述,要让数据库成为人们所用的事物,还需要专门的软件管理和支持,这就是数据库管理系统(DateBase Management System),如 Access,Oracle,SQL Server 等就是由不同软件厂商提供的数据库管理系统。数据库管理系统是位于用户和操作系统之间的一种数据管理软件,其主要功能包括以下几个方面:

(1) 数据库定义功能,定义数据库的数据结构和存储机构等;

（2）数据库操纵功能，定义数据库的接入、删除和修改，以及数据库的备份和恢复；

（3）数据库查询功能，提供多种方式的查询功能；

（4）数据库控制功能，包括数据库安全性控制、完整性控制和多用户并发控制等；

（5）数据库通信功能，分布式或网络操作环境下数据库的通信功能。

因此，执行复杂的数据操作并不是 VB 程序的任务，VB 程序只需要正确地将命令发送给数据库管理系统，然后接受数据库管理系统处理后返回的结果就可以了。

2. 基本概念

下面介绍最常用的关系型数据库系统中的有关概念。

1）数据表（Table）

大量的数据可以利用二维表将它们描述出来，任何数据都可以看成是二维表中的元素。由行和列组成的二维表就是数据库中的表，一个数据库中可能有一个或多个表。例如，学生管理系统中应该包含学生个人信息数据表、成绩数据表、缴费数据表、课程数据表等。

2）记录（Record）

表中的每一行称为一个记录，一行中的所有数据元素描述的是同一实体不同方面的特征。一个表中的所有记录是各不相同的，一般情况下不允许重复。

3）字段（Field）

二维表中的每一列是一个属性值的集合，称为字段或属性。例如学生个人信息数据表中有学号、姓名、年级、专业等字段。当某个字段在表中的值具有唯一性时，称该字段为数据表的主键（Primary Key），如学生学号字段。

4）关系（Relation）

一般情况下，每个表都是独立地描述一类事物，但是事物之间并不是孤立存在的，而是相互之间有关系的，所以数据库应该能建立表之间的这种关系。表之间有三种不同的关系：一对一关系，一对多关系和多对多关系。

5）查询（Query）

有关系数据库中的表按照它们之间的组合而成的、具有实际使用意义的表称为查询。查询不是数据库中实际存在的表，而是按照一定的查询条件从数据表中找出满足条件的记录组成的表，表中的记录仍然保存在原数据表中，在查询中只存放查询关系，因此，查询是虚表。

6）索引（Index）

为了提高访问数据库的速度，可以对数据库建立索引。索引是一种特殊的表，它利用某个字段对数据表中的记录进行重新排序。索引包含原数据表中定义的关键字段的值和指向记录的物理指针,关键字段的值和指针根据所指定的顺序排列,用户从而可以快速查找所需要的数据。

3. VB 可以访问的数据库

不同环境的数据库管理系统具有不同的使用性能。由于 VB 支持多种格式的数据库访问与维护,所以无论是 Access,FoxPro 等桌面数据库,还是 SQL Server,Oracel 等大型数据库,都可以成为 VB 后台的数据库。不管访问哪种类型的数据库,VB 程序只在建立数据库连接时考虑采用不同的方式,与数据处理用到的对象及对象的方法没有关系。为了方便介绍,在本章,使用的数据库管理系统为 Microsoft Access。

9.2.2 可视数据管理器

可视化数据管理器是 VB 自带的数据库实用工具,可用来完成建立或修改数据库、建立或修改数据表、调试 SQL 语句和进行安全管理等操作。数据库管理器本身具有的 JET 能够帮助编程人员建立及维护数据库的内容,而不必再使用其他软件来设计或访问数据库。熟练地使用可视化数据管理器,是开发 Visual Basic 数据库应用程序的基本要求。

1. 建立数据库

读者可以按照以下操作步骤建立数据库:

(1) 打开可视化数据管理器,单击"外接程序|可视化数据管理器"命令,打开 VisData 窗口,如图 9-1 所示;

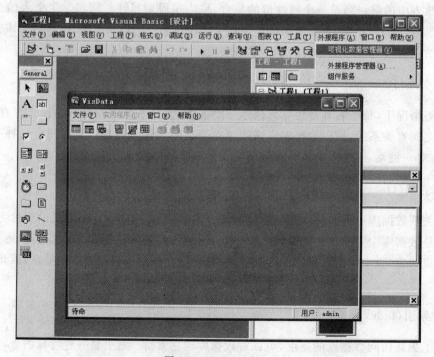

图 9-1　VisData 窗口

（2）单击"文件|新建|Microsoft Access|Version 7.0 MDB"命令，如图 9-2 所示；

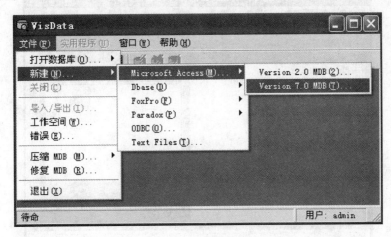

图 9-2　新建数据库

（3）在打开的"选择要创建的 Microsoft Access 数据库"对话框中给新建立的数据库命名为 BookManage，并保存到指定的位置，数据库的默认扩展名为 mdb，如图 9-3 所示；

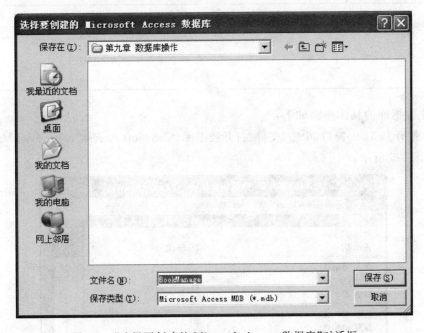

图 9-3　"选择要创建的 Microsoft Access 数据库"对话框

（4）单击"保存"按钮，保存数据库。保存完数据库后，就可以看到窗口内有"数据库窗口"和"SQL 语句"两个子窗口，如图 9-4 所示。

2. 建立数据表

建立一个用户管理的信息表，表的结构和记录见表 9-1 和表 9-2。

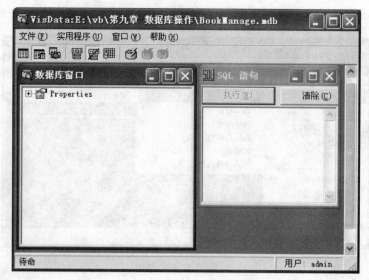

图 9-4　新建数据库中的两个子窗口

表 9-1	用户管理信息表结构	
字段名	类型	长度
用户名	文本	16
密码	文本	16
权限	文本	10

表 9-2	用户信息表	
用户名	密码	权限
admin	admin	system
爱读书	lovereading	guest
读书万岁	123456	guest

建立数据库的具体步骤如下：

（1）打开 BisData 窗口，单击"文件|打开数据库|Microsoft Access"，打开 BookManage 数据库，如图 9-5 所示；

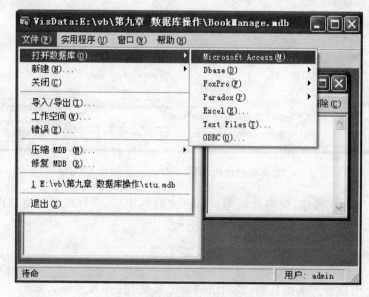

图 9-5　打开数据库"BookManage"

（2）添加数据表，将鼠标指针移到"数据库窗口"子窗口，在空白处单击鼠标右键，弹出快捷菜单如图 9-6 所示，选择"新建表"选项，打开"表结构"对话框，如图 9-7 所示；

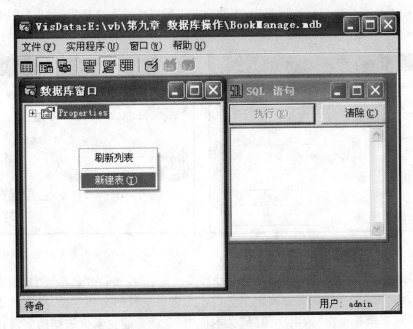

图 9-6　新建数据表

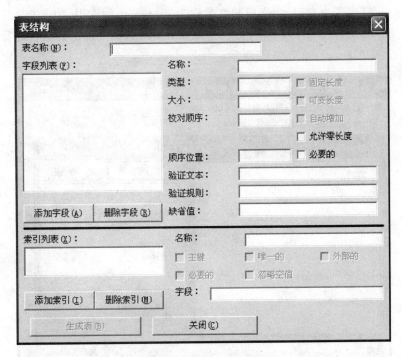

图 9-7　"表结构"对话框

（3）输入表的名称，在"表名称"文本框中输入 UManage；

（4）添加字段，单击"添加字段"按钮，弹出"添加字段"对话框，在相应位置输入字段的名称，选择正确的数据类型并填好字段长度及相关属性，如图 9-8 所示；最后单击"确定"按钮，即可将字段添加到数据表中；当所有的字段都已输入完毕后，单击"关闭"按钮关闭对话框；

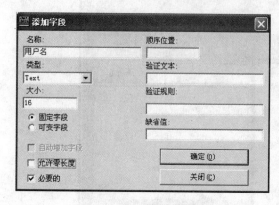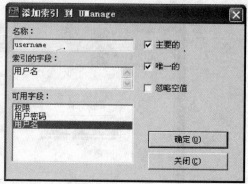

图 9-8 "添加字段"对话框　　　　　　图 9-9 "添加索引到 UManage"对话框

（5）添加索引，单击"表结构"对话框中的"添加索引"按钮，在"名称"文本框中输入索引的名称，在"可用字段"列表中列出了可以作为索引字段的全部字段，单击其中一个字段，即可将该字段显示在"索引字的段"文本框中，也就是建立索引依据的字段；单击"确定"按钮，则添加了一个索引，然后单击"关闭"按钮，关闭"添加索引到 UManage"对话框，例如，以"用户名"字段为索引，为字段建立名称为 username 的索引，如图 9-9 所示；

（6）生成表，单击"表结构"对话框中的"生成表"按钮，则可视化数据管理器按照前面的设置生成表 UManage，如图 9-10 所示。

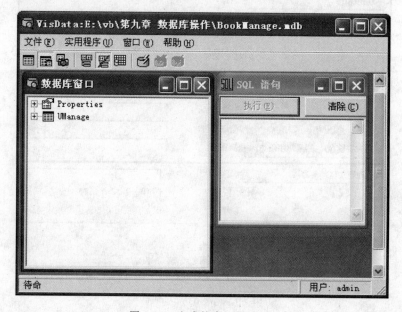

图 9-10 生成的表 UManage

3. 输入记录数据

向表中输入记录数据的操作步骤如下：

（1）在"数据库窗口"子窗口中用鼠标右键单击表 UManage，在弹出的快捷菜单中选择"打开"选项；

（2）打开的 UManage 数据表如图 9-11 所示，单击"添加"按钮，切换到输入数据的界面，如图 9-12 所示；输入一条记录后，单击"更新"按钮，保存数据记录；重复进行添加、更新，直到所有记录全部输入完毕为止。

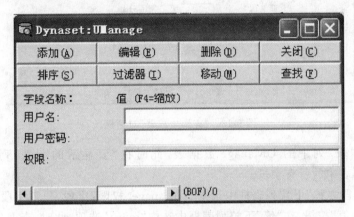

图 9-11 UManage 表

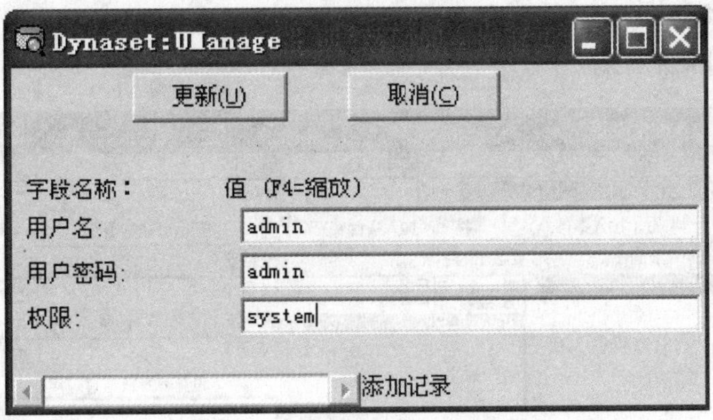

图 9-12 添加记录到 UManage 表

9.2.3 数据库查询

利用可视化数据库管理器中的实用程序—查询生成器，用户可以在界面中设置某些条件来查询符合条件的记录。下面通过一个实例来说明建立查询的过程。

如查询表 UManage 中所有权限为"guest"的数据，其具体操作步骤如下：

（1）打开 UManage 数据表，单击"实用程序|查询生成器"命令，弹出"查询生成器"的对话框，如图 9-13 所示；

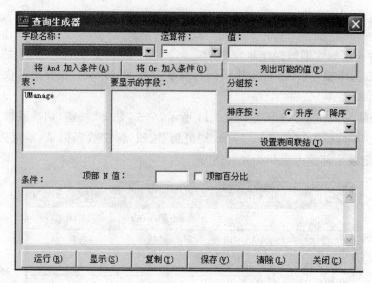

图 9-13 "查询生成器"对话框

（2）选中"表"列中的 UManage 数据表,此时在"要显示的字段"列表中列出了 UManage 数据表中的所有字段；

（3）在"字段名称"下拉列表框中选则"UManage. 权限"字段,以该字段进行查询,单击"列出可能的值"按钮,在"值"下拉列表框中选中"guest"选项,此时,查询条件被设置为"UManage. 权限=' guest '"；

（4）单击"将 And 加入条件"按钮,将条件"UManage. 权限=' guest '"加入"条件"列表框中,如图 9-14 所示；

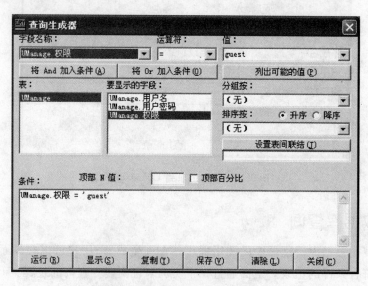

图 9-14 设置查询条件后的对话框

（5）单击"运行"按钮,弹出如图 9-15 所示对话框,单击"否"按钮即可显示查询结果；

（6）用户可将本次查询保存起来，以供日后查阅。单击"查询生成器"对话框中的"保存"按钮，在弹出的对话框中输入查询的名称"权限"，如图9-16所示，单击"确定"按钮，然后单击"查询生成器"对话框中的"关闭"按钮，即可将"权限"查询保存到数据管理器中，如图9-17所示。

图 9-15　询问对话框

使用查询生成器，可以不用写出完整、正确的SQL语句，只需单击鼠标就可以建立查询并获得查询结果，为用户建立和使用查询提供了更加方便、快捷的方法。

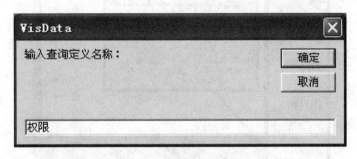

图 9-16　保存查询为"权限"

图 9-17　数据管理窗口中的"权限"查询

9.2.4　数据控件

本节将介绍一下数据控件的定义以及包含的属性、方法和事件。

1. 数据控件简介

VB工具箱中的数据控件提供了 VB 应用程序与数据库的连接功能,具有快速处理各种数据库的能力。通过设置属性,数据控件可以连接到某个数据库文件,程序设计人员通过编写程序代码或者结合使用其他控件,可以方便地访问数据库中的各种数据。

和普通控件一样,数据控件也可以通过双击"data"图标,或单击图标后在窗体上拖拽鼠标的方法建立数据控件对象,如图 9-18 所示。

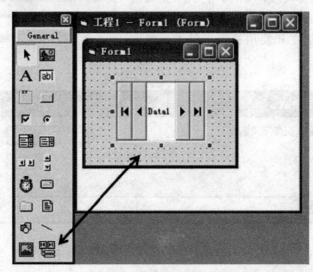

图 9-18　数据控件及其实现

数据控件各按钮功能如下:

(1) ⑭,记录指针指向第一条记录;

(2) ◀,记录指针指向上一条记录,即指针向前移动一条记录;

(3) ▶,记录指针指向下一条记录,即指针向后移动一条记录;

(4) ⑭,记录指针指向最后一条记录。

2. 数据控件常用的属性

要实现数据控件对数据库的操作,必须设置数据控件的相关属性,下面向读者介绍数据控件的 4 个最基本的属性。

1) Database Name 属性

设定数据所连接数据库的名称和路径。在属性窗口中单击该属性右侧的按钮,如图 9-19(a)所示,弹出 Database Name 对话框,如图 9-19(b)所示。选择要打开的数据库(其默认的扩展名为.mdb),单击"打开"按钮,这样数据控件就和指定的数据库连接起来了。

2) RecordSource 属性

设定数据控件所连接数据表的名称。即确定数据的来源。设置 RecordSource 属性

（a）   （b）

图 9-19   设置 Database Name 属性

后，单击该属性右侧的下拉按钮，系统会自动列出该数据库中的所有可用的数据源，包括数据表和查询，如图 9-20 所示。

3）Connect 属性

设定连接数据库的格式。VB 可以访问 7 种类型的数据库，Connect 属性的值通常是数据文件类型的名称，默认的属性值是 Access，如图 9-21 所示。

图 9-20   设置 Record Source 属性   图 9-21   设置 Connect 属性   图 9-22   设置 Recordset Type 属性

4) RecordsetType 属性

设定数据表记录集的类型。再通过代码或其他数据控件建立数据集时需要设置这个属性,其属性值有三个,如图 9-22 所示。

3. 数据控件的常用方法

下面介绍一下数据控件常用的方法。

1) Refresh 方法

用于重新建立或显示与数据控件相连的数据库记录集,对数据库进行再查询并显示新查询的结果。如果不使用该方法,即使更新了数据控件的属性,数据控件也不会立即自动执行查询,因为控件中存放的仍然是上次保存的数据值。

语法格式:`Data1.Refresh`

2) UpdateRecord 方法

用于保存绑定控件的当前值。可以将绑定的数据感知控件的当前内容写入数据库中,使用这种方法可以避免创建一个层叠事件。

语法格式:`Data1.UpdateRecord`

3) UpdateControls 方法

从数据控件的 Recordset 对象中获得当前记录,并在绑定控件中显示当前记录的数据。也就是说,可以将数据从数据库中重新读到约束控件中,恢复其原始值,也就等效于取消了对数据的更改。

语法格式:`Date1.UpdateControls`

4. 数据控件的常用事件

除了具有和其他控件相同的事件外,数据控件还有与数据库访问有关的特有事件。

1) Validate 事件

在改变当前记录发生之前发生,用 Update 方法及删除、卸载或关闭操作来改变,即 Validate 事件是一条新记录即将成为当前记录之前被触发。使用 Validate 事件,可对写入数据库的记录执行合法性检查。

语法格式:

```
Private Sub Data1_Validate(Action As Intrger,Save As Integer)
End Sub
```

说明:Action 参数用来指明引发该事件的操作,其参数见表 9-3;Sava 参数用来指明所连接的数据库是否被改变。值为 True,表示被绑定的数据感知控件中数据被修改,否则该值为 False。

表 9-3 **Action 参数值表**

常数	值	描述
vbDataActionCancel	0	防止触发 Validate 事件的行为
vbDataActionMoveFirst	1	MoveFirst 方法触发 Validate 事件
vbDataActionMovePrevious	2	MovePrevious 方法触发 Validate 事件
vbDataActionMoveNext	3	MoveNext 方法触发 Validate 事件
vbDataActionMoveLast	4	MoveLast 方法触发 Validate 事件
vbDataActionAddNew	5	AddNew 方法触发 Validate 事件
vbDataActionUpdate	6	Update 方法触发 Validate 事件
vbDataActionDelete	7	Delete 方法触发 Validate 事件
vbDataActionFind	8	Find 方法触发 Validate 事件
vbDataActionBookmark	9	Bookmark 属性触发 Validate 事件
vbDataActionClose	10	Close 方法触发 Validate 事件
vbDataActionUnload	11	窗体卸载时触发 Validate 事件

2）Reposition 事件

当一条记录成为当前记录后触发该事件。每当记录指针指向另一条记录时，就会发生 Reposition 事件。使用这个事件可以进行基于当前记录中数据的计算。

语法格式：

```
Private Sub Data1_Reposition()
End Sub
```

9.2.5 记录集操作

在 VB 中，数据库中的表是允许直接访问的，但只能通过记录集对象（Recordset）对其进行浏览。记录集对象表示一个或多个数据表中字段对象的集合，是来自基本表或执行一次查询所得结果的记录全集。该对象在数据控件加载后自动创建，在应用数据控件的 Refresh 方法后也会重建。编程时，可以用 Recordset 对象浏览数据库中的数据。

1. Recordset 对象的属性

1）Recordsetcount 属性

该属性用于指明 Recordset 记录集中记录的总数目。若数据库中没有记录，则 Recordsetcount 属性值为−1。如利用 Recordsetcount 属性测试记录集中记录的个数，其程序代码如下：

```
Data1.Recordset.MoveLast        '首先将记录指针指向记录集的最后一条记录
Print Data1.Recordset.RecordCount
```

2) BOF 和 EOF 属性

BOF 属性用于指明当前记录指针是否位于 Recordset 记录集的第一条记录之前,若指向第一条记录之前,则返回值为 True,否则返回值为 False。EOF 属性用于指明当前记录指针是否位于 Recordset 记录集的最后一条记录之后,若指向最后一条记录之后,则返回值为 True,否则返回值为 False。使用 BOF 和 EOF 属性,可确定 Recordset 记录集是否包含记录,如果 BOF 和 EOF 属性都为 True,则表示记录集中没有记录。如当记录指针移动到记录集尾时,给用户提供提示信息,其程序代码如下:

```
If Data1.Recordset.EOF Then
MsgBox"已到文件尾,是否继续?",vbOKCancel+vbCritical,"提示信息"
End If
```

3) AbsolutePosition 属性

该属性用于指定 Rcordset 记录集对象中当前记录的序号,也可以通过改变该属性的值来移动记录到指定的序号位置。该属性的取值从 1 开始,到 Recordsetcount 属性值个数为止。

4) NoMatch 属性

该属性用来指明是否找到与指定条件相匹配的记录。若找到满足查找条件的记录,则属性值为 False,否则为 True。如在没有找到要查找的记录时,执行相关操作,其程序代码如下:

```
If Data1.Recordset.NoMatch Then
MsgBox"没有你想要查找的记录!",vbOKOnly+vbQuestion,"提示信息"
End If
```

5) Fields 属性

由 Fields 对象组成的 Fields 集合,是记录中的各个字段对象的集合。每个 Fields 对象对应于 Recordset 记录集中的一列,即一个字段。可以把 Fields(字段名)作为指定字段的一个实例应用。如对当前记录指定字段的字段值进行处理,其程序代码如下:

```
Print Data1.Recordset.Fields("编号")
Data1.Recordset.Fields("编号")="P003"
```

2. Rcordset 对象的方法

1) AddNew 方法

向记录集中添加一条新的空记录,同时记录指针也指向这条新纪录。使用 AddNew 方法添加一条空记录后,所有的数据绑定控件将对应的内容显示为空,等待用户写入新纪录各字段的值,但这并不是最后的结果,因为数据可能还在缓冲区中,需要在执行 Update 方法或移动记录指针,将新记录的值真正保存到数据表中。

语法格式：Data1.Recordset.AddNew

2）Update 方法

将添加的新记录或是对记录进行修改后的值保存到数据库中，调用该方法后不改变记录指针的位置。

语法格式：Data1.Recordset.Update

3）CancelUpdate 方法

取消添加的新记录或放弃对记录的修改。调用该方法可将缓冲区内已有的内容设置为空，并对数据绑定控件进行刷新，是原有数据保持不变。

语法格式：Data1.Recordset.CancelUpdate

4）Delete 方法

该方法用于逻辑删除记录集中当前记录。

语法格式：Data1.Recordset.Delete

5）Edit 方法

该方法用于修改当前记录。将记录修改完毕后，要使用 Update 方法或移动记录指针，将修改后的内容保存到数据表中，否则所做的修改操作无效。

语法格式：Data1.Recordset.Edit

6）Move 方法组

用于移动记录指针，使不同的记录成为当前记录。共有以下 5 种不同的方法：

（1）MoveFirst，移动到记录集的第一条记录；

（2）MoveLast，移动到记录集的最后一条记录；

（3）MoveNext，移动到记录集的下一条记录；

（4）MovePrevious，移动到记录集的上一条记录；

（5）Move，向前或向后移动若干条记录。

语法格式：Data1.Recordset.Move Numrecords,[startposition]

说明：Numrecords>0，表示向后移动 Numrecords 行，Numrecords<0，表示向前移动 Numrecords 行；startposition 为可选参数，表示基准位置，若不选择该参数，默认是从当前位置开始。

7）Find 方法组

用于在记录集中查找满足条件的记录。共有 4 种不同方法，可以在不同的初始条件下，按照不同的查找方向来查找记录。适合于动态集类型和快照类型的记录集，该 4 种方法如下：

（1）FindFirst，查找第一条满足条件的记录；

（2）FindLast，查找最后一条满足条件的记录；

（3）FindNext，查找下一条满足条件的记录；

（4）FindPrevious，查找上一条满足条件的记录。

通常，Find方法组可以和NoMatch属性配合使用，决定在找到或没有找到指定条件的记录时要执行的操作。如找到记录集中编号为P003的记录，找到或没有找到这条记录时，都给出相应的提示信息，程序实现代码如下：

```
Data1.Recordset.FindFirst("编号=P003")
If Data1.Recordset.NoMatch Then
MsgBox"对不起,没有你要找的记录",vbOKOnly,"提示信息"
Else
MsgBox"恭喜你,已经找到你要的记录",vbOKOnly,"提示信息"
End If
```

8）Seek方法

与Find方法组类似，也可以查找记录集中满足条件的记录。但这种查找方法只能应用于表类型的记录，因此，在对记录集使用Seek方法查找时，必须将数据控件的RecordsetType属性设置成1-table类型。从上面的例子可以看出，Find方法组只能用于对固定条件的查询，而要实现实际应用中的动态条件的查询，使用Seek方法更为方便。此外，Seek方法所查找的字段还要求是在数据表中已建立索引的字段。

语法格式：记录集.Seek比较式,关键字1,关键字2,...,关键字13

说明：比较式是字符串常量，可以使用的比较字符串有等于（＝）、大于或等于（＞＝）、大于（＞）、小于或等于（＜＝）、小于（＜）；如果当前索引文件为多字段关键字，则可以依次写出多个查找关键字的值。

如查找出用户需要的指定编号的记录，其代码实现如下：

```
Search=Val(InputBox("请输入要查记录的编号","编号查询界面")
Data1.Recordset.Index="NO"
Data1.Recordset.Seek"=",search
If Data1.Recordset.NoMatch Then
MsgBox"对不起,没有找到你需要的记录",vbOKOnly,"提示信息"
```

9.2.6　数据感知控件

数据感知控件是用于配合数据控件，并显示所连接的数据库中数据内容的控件。数据控件只是提供了一种将VB程序与后台数据库连接的方法，并不能将数据库中的数据显示出来，要想看到数据表中的记录，还需要用数据感知控件。

在Visual Basic中，可以作为数据感知控件的控件有标签（Label）、文本框（Text）、复选框（Check）、列表框（ListBox）、组合框（ComboBox）、图像框（ImageBox）、图片框（PictureBox）、高级约束列表框（DBList）、高级约束组合框（DBCombo）、日期选择控件（DateTimePicker）和表格控件（MSFlexGrid）等。

下面,只介绍两种常用的数据感知控件:文本框和表格。

1. 数据感知控件的两个重要属性

绝大多数的数据感知控件都只需要设置两个属性:DataSource 属性和 DataField 属性,通过它们链接到数据库的某个数据表。因此,将数据感知控件连接到数据控件,就等于数据感知控件间接连接到数据库的某个数据表上。

1) Datasource 属性

打开数据感知控件的属性窗口,在 Datasource 属性的下拉列表框中选择当前需要的数据控件名称。例如,要在窗体中使用并设置数据控件 Data1 及文本框(Text1),可以打开文本框的属性窗口,设置 Datasource 属性,选择 Text1 控件与 Data1 控件连接,如图 9-23(a)所示。

2) DataField 属性

该属性用于确定数据感知控件所连接的数据表的某个字段,以指定所要显示的内容。例如,要在文本框(Text1)中显示 UManage 数据表中的"用户名"字段,可以先选中 Text1 控件,在属性窗口的 DataField 属性下拉列表框中将列出 UManage 数据表所有的字段,从中选择"用户名"字段即可,如图 9-23(b)所示。

（a）Datasource属性设置

（b）DataField属性设置

图 9-23 设置文本框数据感知控件的属性

利用数据感知控件的 Datasource 属性和 DataField 属性,可以显示每一条记录的具体内容,以设计出"数据浏览"窗口,如图 9-24 所示。

图 9-24　"用户类别信息浏览"窗口

2. 使用 MSFlexGrid 控件作为数据感知控件

将文本框作为感知控件,只能显示出数据表中当前记录的某个字段,使用 MSFlexGrid 控件,如图 9-25 所示,则可以将数据表中的所有记录以网格的形式显示出来,更符合人们浏览记录的习惯,方便对其进行各种操作。

MSFlexGrid 控件是 VB 的 ActiveX 控件,在使用这个控件前,必须先将它添加到工具箱中。用鼠标右键单击工具箱的空白处,在弹出的快捷菜单中选择"部件"选项,将弹出"部件"对话框,在该对话框中选中"Microsoft FlexGrid Control 6.0"复选框,最后单击"确定"按钮。即可将 MSFlexGrid 控件添加到工具箱中。

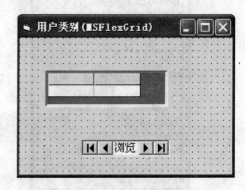

图 9-25　MSFlexGrid 控件　　　　　图 9-26　窗体上添加的 MSFlexGrid 对象

在窗体上创建 MSFlexGrid 对象 MSFlexGrid1,如图 9-26 所示。其单元格可分为固定部分(灰色单元格)和变动部分(白色单元格),在程序执行阶段固定部分的单元格可用作显示行、列标题,而变动单元格可用来显示文字、图形数据。

MSFlexGrid 控件的常用属性如下:

(1) Text 属性,设置或返回当前单元格的文本内容;

(2) Col 属性,指明当前单元格所在的列;

(3) Row 属性,指明当前单元格所在的行;

(4) Cols 属性,设置 MSFlexGrid 控件的总列数;

(5) Rows 属性,设置 MSFlexGrid 控件的总行数;

(6) ColWidth 属性,指定 MSFlexGrid 控件某列的高度;

(7) RowHeight 属性,指定 MSFlexGrid 控件某行的宽带;

(8) FixedCols 属性,设置 MSFlexGrid 控件固定单元格的列数;

(9) FixedRows 属性,设置 MSFlexGrid 控件固定单元格行数;

(10) TextMatrix(i,j)属性,设置 MSFlexGrid 控件第 i 行 j 列的文本内容;

(11) DataSource 属性,MSFlexGrid 控件与数据库相连时,设置数据源。

例如,设计一个浏览窗体,以网格的形式将 UManage 数据表中的全部记录显示在一个窗体上。要求在第一行的固定单元格中显示出字段名,其程序代码实现如下:

```
Private Sub Form_Activate()
MSFlexGrid1.ColWidth(0)=12*25*4
MSFlexGrid1.ColWidth(1)=12*25*4
MSFlexGrid1.ColWidth(2)=12*25*3
'设置 MSFlexGrid1 表格的表头信息
MSFlexGrid1.TextMatrix(0,0)="用户名"
MSFlexGrid1.TextMatrix(0,1)="密码"
MSFlexGrid1.TextMatrix(0,2)="权限"
End Sub
Private Sub Form_Load()
Data1.DatabaseName=App.Path&"\BookManage.mdb"
Data1.RecordSource="UManage"
Data1.Refresh
End Sub
```

注意:若想把单元格的第一列变为可变部分,可将对象 MSFlexGrid1 的"FixedCols"属性值设为 0。程序运行结果如图 9-27 所示。

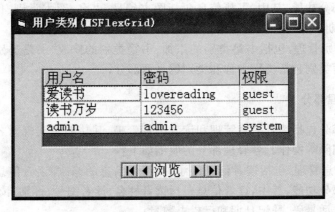

图 9-27 运行结果窗口

9.3　设计与实现

9.3.1　系统设计

根据前面所介绍的主要功能,对这个系统进行分析,得到如图 9-28 所示的系统功能模块图。

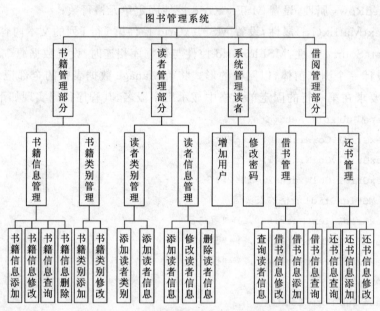

图 9-28　"图书管理系统"系统模块图

1) 书籍管理部分

书籍管理部分包括书籍信息管理和书籍类别管理,其功能是实现对各部分数据内容的添加、修改、删除等操作。各管理部分的明细如下:

(1) 书籍信息管理,包括书籍信息的添加、书籍信息的修改、书籍信息的查询和书籍信息的删除 4 部分功能,其中,书籍信息包括图书编号、书名、图书类别、作者、出版社、出版日期、登记日期以及是否已被借出;

(2) 书籍类别管理,包括书籍类别的添加、书籍类别的修改、书籍类别的删除三部分功能,其中,书籍类别包括类别名称和类别编号两部分;

2) 读者管理部分

读者管理部分包括读者信息管理和读者类别管理,其功能是实现对各部分数据内容的添加、修改、删除等操作。各管理部分的明细如下:

(1) 读者信息管理,包括读者信息的添加、读者信息的修改、读者信息的查询和读者信息的删除 4 部分功能,其中,读者信息包括读者姓名、读者编号、性别、读者类别、工作单位、家庭住址、电话号码、登记日期和已借书数量;

(2) 读者类别管理,包括读者类别的添加、读者类别的修改、读者类别的删除三部分功能,其中,读者类别包括种类名称、借书数量、借书期限和有效期限 4 部分。

3)借阅管理部分

借阅管理部分包括借书管理和还书管理,其功能是实现对各部分数据内容的添加和查询操作。各管理部分的明细如下:

(1)借书管理,包括添加借书信息和查询借书信息两部分功能,其中,借阅信息包括借阅编号、读者编号、读者姓名、书籍编号、书籍名称、出借日期和还书日期;

(2)还书管理,实现添加还书信息功能,其中,还书信息与借阅信息各部分明细相同。

4)系统管理部分

设置操作人员。系统初始设置一个超级用户名和密码,操作人员可以利用这个超级用户名和密码登录之后,可以设置其他的超级用户名称,也可以设置权限用户,同时也设置了这个用户可以使用的权限。

此外,在系统登录界面中输入密码与用户名不符三次将自动退出登录。

9.3.2 数据库设计

1. 数据库需求分析

根据系统模块分析,可以列出以下图书管理系统所需的数据项和数据结构:

(1)读者类别,类别名称、借书数量、借书期限、有效期限;

(2)读者信息,读者姓名、读者编号、性别、读者类别、工作单位、家庭住址、电话号码、登记日期、已借书数量;

(3)借阅信息,借阅编号、读者编号、书籍编号、书籍名称、出借日期、还书日期;

(4)书籍信息,书籍编号、书名、类别、作者、出版社、出版日期、登记日期、是否借出;

(5)图书类别,类别名称、类别编号;

(6)用户管理,用户名、密码、权限。

2. 数据库结构设计

根据上面的设计,总共需要 6 个表的数据支持,表结构见表 9-4～表 9-9。

表 9-4　RCategory(读者类别)表

字段名称	数据类型	说明
r_category	文本	类别名称
b_count	数字	借书数量
b_period	数字	借书期限
v_period	数字	有效期限

表 9-5　RMessage(读者信息)表

字段名称	数据类型	说明
r_name	文本	读者姓名
r_number	文本	读者编号

字段名称	数据类型	说明
r_sex	文本	性别
r_gategory	文本	读者类型
r_unit	文本	工作单位
r_address	文本	家庭住址
r_phone	文本	电话号码
r_rdate	日期/时间	登记日期
r_bcount	数字	已借书数量

表 9-6　LMessage(借阅信息)表

字段名称	数据类型	说明
l_number	自动编号	借阅信息
r_number	文本	读者编号
r_name	文本	读者姓名
b_number	文本	书籍编号
b_name	文本	书籍名称
b_date	日期/时间	出借日期
r_date	日期/时间	还书日期

表 9-7　BMessage(书籍信息)表

字段名称	数据类型	说明
b_number	文本	书籍编号
b_name	文本	书籍名称
b_category	文本	书籍类别
b_author	文本	书籍作者
b_press	文本	出版社
b_pdate	日期/时间	出版日期
r_rdate	日期/时间	登记日期
b_isornot	文本	是否借出

表 9-8　BCategory(书籍类别)表

字段名称	数据类型	说明
bc_name	文本	书籍类别名称
bc_number	文本	书籍类别编号

表 9-9　UManage(用户管理)表

字段名称	数据类型	说明
u_name	文本	用户名
u_pwd	文本	用户密码
u_pmn	文本	用户权限

9.3.3　系统实现

1. 创建数据库

前面已经介绍了整个系统的设计流程，以及这个系统中数据库的设计。下面详细地介绍一下如何在 Access 中建立这些表。

（1）运行 Access 2003 应用程序，单击菜单"文件|新建"，在如图 9-29 所示的任务窗格中单击"空数据库"选项，将弹出如图 9-30 所示的"文件新建数据库"对话框，提示输入创建的数据库的名称和保存位置，在这里设置数据库的名称为"book"。单击创建按钮，开始创建数据库。

图 9-29　"新建文件"任务窗

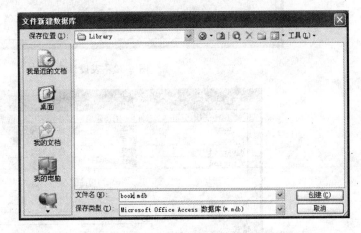

图 9-30　"文件新建数据库"对话框

（2）在打开的"数据库"窗口中，选择左侧"对象"栏中的"表"项目，因为系统提供的表向导不适合，所以在窗口的右侧选择"使用设计器创建表"项目，如图 9-31 所示。单击"设计"按钮，即可打开如图 9-32 所示的表设计窗口。

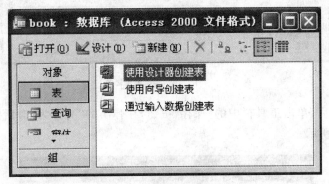

图 9-31　数据库窗口

在"字段名称"列中输入设计的字段名称，在数据类型列中选择这个字段类型，在"说明"列中输入这个字段的说明文字。当选择一个字段时，窗口下面还会显示有关这个字段的信息，在这里可以修改字段的长度及字段的默认值、是否可为空等参数，如图 9-33 所示。

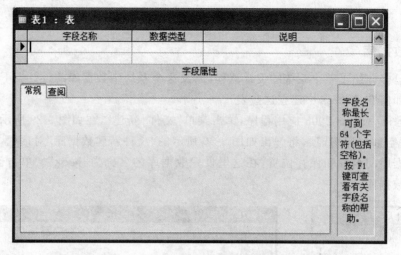

图 9-32　表设计窗口

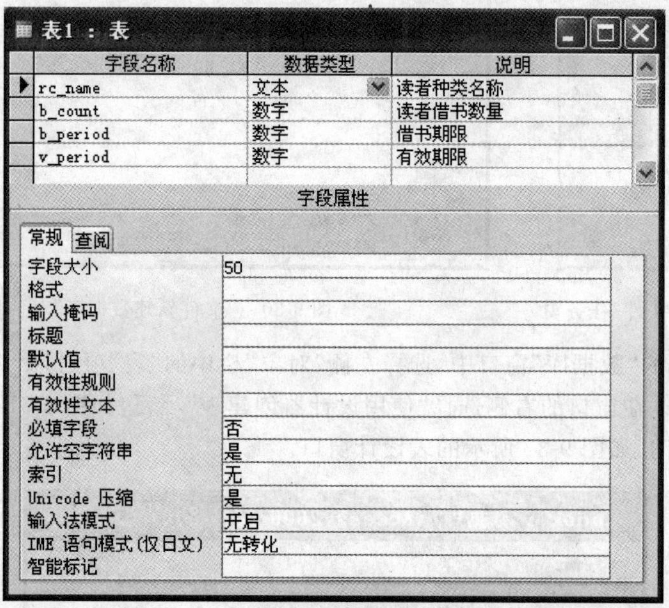

图 9-33　"RCategory 表"字段设计

设计好字段后,单击工具栏中的"保存"按钮,在弹出的"另存为"对话框中为表取名并保存,如图 9-34 所示。

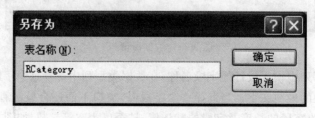

图 9-34　保存表对话框

这里显示的是表 RCategory 的一个字段设计,其他表的设计方法与这里介绍的一样。如果需要修改哪个字段,只要单击这个字段,然后就可以进行相应的修改。

2. 新建一个项目

为了能够使用 ADO 对象,应单击"工程|引用"命令,在打开的引用对话框中选中 Microsoft Active Data Object 2.X Library 复选框。在该项目中,由于在相关的窗体和程序中要用到有关访问数据库(如连接数据库)的操作,以及全局变量的访问的操作,所以把该段程序作为一个通用函数,供其他程序调用。在项目名称上单击鼠标右键,在弹出的快捷菜单中选择 Add 选项,然后新建一个公用模块,添加代码如下:

```
Option Explicit
Public conn As New ADODB.Connection        '标记连接对象
Public select_menu As String               '标记所选择的菜单
Public userID As String        '当前用户 ID,供 frmchangepwd 和 login 窗体中使用
Public userpow As String       '用户权限,供 Form1 和 login 窗体中使用
Public book_num As String      '要借的书的编号
            '供 frmaddborrowbook、frmbackbookinfo、frmborrowbook 窗体中使用
```

3. 设计"登录"窗体

根据系统分析,启动系统时,最先出现的应是"用户登录"窗体,如图 9-35 所示,"用户登录"窗体可作为独立的窗体,名称为 login,并且需要将其设置为项目开始窗体。单击"工程|工程 1 属性"命令,在弹出对话框的"启动对象"下拉列表框中选择 login 选项,如图 9-36 所示,然后单击"确定"按钮关闭对话框。在设计该窗口时,应注意将用户密码输入框的 passwordchar 属性设置为" * ",其他控件属性设置见表 9-10。

图 9-35　用户登录窗体

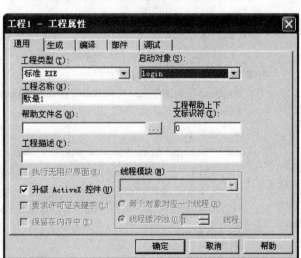

图 9-36　工程属性对话框

表 9-10 login 窗体内各控件属性设置

控件类型	控件名称	属性名称	属性值
Label	Label1	Caption	用户登录
Label	Label2	Caption	用户名：
Label	Label3	Caption	密码
TextBox	txtuser	Text	
TextBox	txtpwd	Text	
CommandButton	cmdlogin	Caption	登录
CommandButton	cmdcancel	Caption	取消

需要一个模块级变量来记录用户错误登录的次数，因此在通用变量声明部分定义变量如下：

```
Option Explicit
Dim cnt As Integer                    '记录确定次数
```

在窗体加载事件中，连接 book 数据库，并将记录错误登录次数的变量初始化，其程序代码如下：

```
Private Sub Form_Load()
Dim connectionstring As String
connectionstring="provider=Microsoft.Jet.oledb.4.0;"&"data source=book.
mdb"
conn.Open connectionstring
cnt=0
End Sub
```

单击登录按钮，即可进行用户验证，其程序代码如下：

```
Private Sub cmdlogin_Click()
Dim sql As String
Dim rs_login As New ADODB.Recordset
If Trim(txtuser.Text)="" Then            '判断输入的用户名是否为空
    MsgBox"没有这个用户",vbOKOnly+vbExclamation,""
    txtuser.SetFocus
Else
    sql="select*from UManage where u_name='"&txtuser.Text&"'"
    rs_login.Open sql,conn,adOpenKeyset,adLockPessimistic
    If rs_login.EOF=True Then
        MsgBox"没有这个用户",vbOKOnly+vbExclamation,""
        txtuser.SetFocus
    Else                                 '检验密码是否正确
        If Trim(rs_login.Fields(1))=Trim(txtpwd.Text)Then
            userID=txtuser.Text          'userID 在模块中已定义
            userpow=rs_login.Fields(2)   'userpow 在模块中已定义
```

```
            rs_login.Close
            Unload Me
            Form1.Show
        Else
            MsgBox"密码不正确",vbOKOnly+vbExclamation,""
            txtpwd.SetFocus
        End If
    End If
End If
cnt=cnt+1
If cnt=3 Then                    '3次登录不成功,关闭窗体
    Unload Me
End If
Exit Sub
End Sub
```

单击"取消"按钮,关闭"用户登录"窗体,其程序代码如下:

```
Private Sub cmdcancel_Click()
Unload Me
End Sub
```

4. 设计"主菜单"窗体

在"登录"窗体中输入用户名和密码后,单击"登录"按钮,打开"主菜单"窗体,如图9-37所示,系统主菜单在该窗体中设计。打开本窗体,单击"工具|菜单编辑器"命令,打开如图9-38所示的菜单编辑器,并在其中设置各个菜单项。该窗体各控件属性设置如表9-11所示。

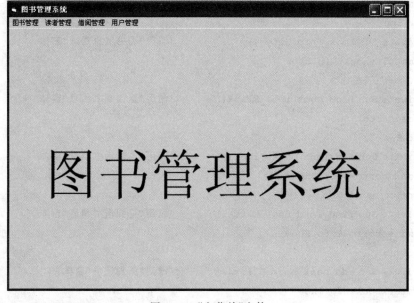

图 9-37 "主菜单"窗体

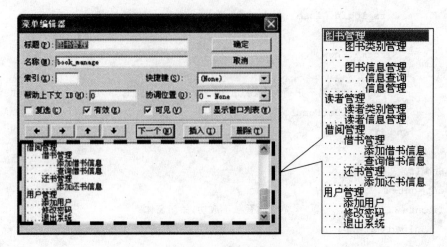

图 9-38　菜单编辑器

表 9-11　"Form1"窗体及其各控件属性

控件类型	控件名称	属性名称	属性值
Label	Label1	Caption	图书管理系统
		Font	宋体(72)
Form	Form1	Caption	图书管理系统
		StartUpPosition	2-屏幕中心
		maxButton	False

菜单设计好后,对应每一个菜单项都有一个窗体的调用,需编写如下程序代码:

```
Private Sub book_style_manage_Click()        '调用"图书类别管理"窗体
frmmodifybookstyle.Show
End Sub
Private Sub book_info_Click()                 '调用"图书信息管理"窗体
frmmodifybookinfo.Show
End Sub
Private Sub find_book_info_Click()            '调用"查询图书信息"窗体
frmfindbook.Show
End Sub
Private Sub add_lend_book_Click()             '调用"添加借书信息"窗体
frmaddborrowbook.Show
End Sub
Private Sub find_lend_book_Click()            '调用"查询借书信息"窗体
frmfindborrowinfo.Show
End Sub
Private Sub add_back_book_Click()             '调用"添加还书"窗体
frmbackbookinfo.Show
End Sub
```

```
Private Sub add_manager_Click()        '调用"添加管理员"窗体
frmadduser.Show
End Sub
Private Sub change_pwd_Click()         '调用"修改密码"窗体
frmchangepwd.Show
End Sub
Private Sub exit_sys_Click()           '退出系统
Unload Me
End Sub
```

在窗体加载事件中,需要对登录用户的身份进行验证,以调整该用户的管理权限,其程序代码如下:

```
Private Sub Form_Load()
'权限相关管理,设置部分功能对 gust 用户不可见
If userpow="guest" Then                    'userpow 在模块中已定义
  book_style_manage.Enabled=False          '"图书类别管理"功能不可用
  book_info.Enabled=False                  '"图书管理"功能不可用
  add_lend_book.Enabled=False              '"添加借书信息"功能不可用
  back_book_manage.Enabled=False           '"添加还书信息"功能不可用
  add_manager.Enabled=False                '"添加管理员"功能不可用
End If
'"读者管理"功能没有实现,学过本系统开发后,请读者自己实现
reader_style_manage.Enabled=False
reader_info_manage.Enabled=False
End Sub
```

5. 设计"用户管理"窗体

(1) 单击"用户管理|添加用户",弹出如图 9-39 所示窗体,该窗体的各控件属性设置如表 9-12 所示。

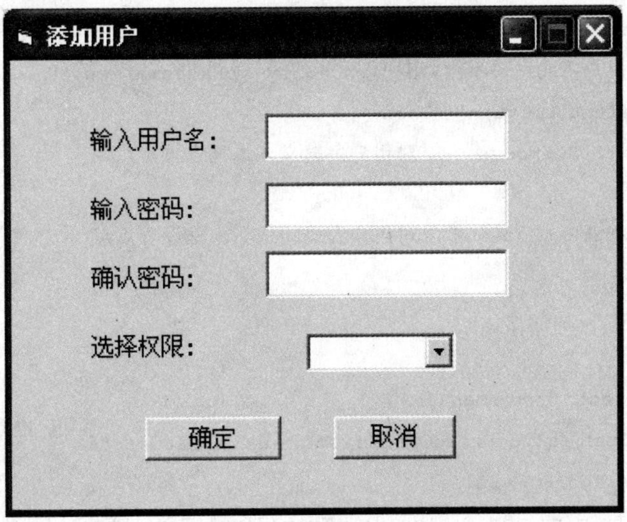

图 9-39 "添加用户"窗体

表 9-12　　**frmadduser 窗体内各控件属性**

控件类型	控件名称	属性名称	属性值
Label	Label1	Caption	输入用户名：
Label	Label2	Caption	输入密码：
Label	Label3	Caption	确认密码：
Label	Label4	Caption	选择权限：
TextBox	Text1	Text	
TextBox	Text2	Text	
TextBox	Text3	Text	
ComboBox	Combo1	Text	
CommandButton	cmdok	Caption	确定
CommandButton	cmdcancel	Caption	取消

编写程序时，在窗体装载事件中，将"权限"放到下拉列表中，当程序运行时，供用户选择，程序代码如下：

```
Private Sub Form_Load()
Combo1.AddItem"system"
Combo1.AddItem"guest"
End Sub
```

单击"确定"按钮，即可添加用户，添加用户时要保证用户名的唯一性，并且用户名或密码不能为空，其程序代码如下：

```
Private Sub cmdok_Click()
Dim sql As String
Dim rs_add As New ADODB.Recordset
If(Trim(Text1.Text)="" Or Trim(Text2.Text)="")Then   '判断用户名或密码是否为空
    MsgBox"用户名或密码不能为空",vbOKOnly+vbExclamation,""
    If Trim(Text1.Text)="" Then
        Text1.SetFocus     '对用户名输文入本框设置焦点
    Else
        Text2.SetFocus       '对用户密码输入文本框设置焦点
    End If
    Exit Sub
Else
    sql="select* from UManage"
    rs_add.Open sql,conn,adOpenKeyset,adLockPessimistic
    While(rs_add.EOF=False)
        If Trim(rs_add.Fields(0))=Trim(Text1.Text)Then   '判断用户名是否存在
            MsgBox"已有这个用户",vbOKOnly+vbExclamation,""
```

```
        Text1.SetFocus
        Text1.Text=""
        Text2.Text=""
        Text3.Text=""
        Combo1.Text=""
        Exit Sub
    Else
        rs_add.MoveNext
    End If
Wend
If Trim(Text2.Text)<>Trim(Text3.Text)Then    '判断两次输入密码是否一致
    MsgBox"两次密码不一致",vbOKOnly+vbExclamation,""
    Text2.SetFocus        '对用户密码输入文本框设置焦点
    Text2.Text=""
    Text3.Text=""
    Exit Sub
ElseIf Trim(Combo1.Text)<>"system" And Trim(Combo1.Text)<>"guest" Then
    MsgBox"请选择正确的用户权限",vbOKOnly+vbExclamation,""
    Combo1.SetFocus
    Combo1.Text=""
    Exit Sub
Else
    rs_add.AddNew
    rs_add.Fields(0)=Text1.Text
    rs_add.Fields(1)=Text2.Text
    rs_add.Fields(2)=Combo1.Text
    rs_add.Update
    rs_add.Close
    MsgBox"添加用户成功",vbOKOnly+vbExclamation,""
    Unload Me
    End If
End If
End Sub
```

单击"取消"按钮,关闭"添加用户"窗体,其程序代码如下:

```
Private Sub cmdcancel_Click()
Unload Me
End Sub
```

(2)单击"用户管理|修改密码",弹出如图 9-40 所示窗体,该窗体的各控件属性设置
如表 9-13 所示。

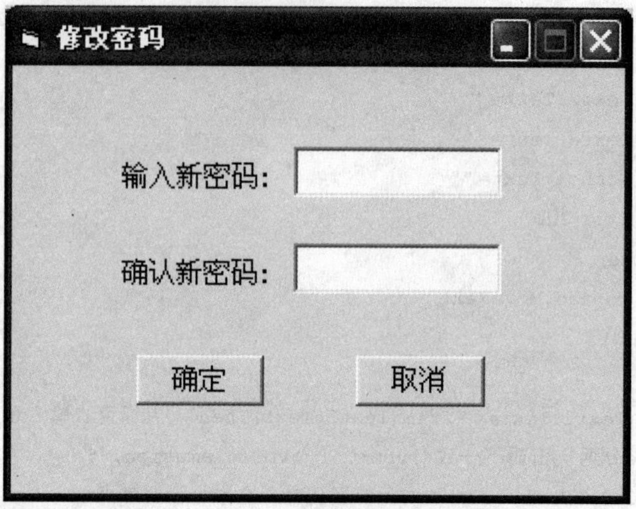

图 9-40 "修改密码"窗体

表 9-13 frmchangepwd 窗体内各控件属性

控件类型	控件名称	属性名称	属性值
Label	Label1	Caption	输入新密码：
Label	Label2	Caption	确认新密码：
TextBox	Text1	Text	
TextBox	Text2	Text	
CommandButton	Command1	Caption	确定
CommandButton	Command2	Caption	取消

单击"确定"按钮,即可完成密码的修改,修改密码时,要保证两次输入的新密码一致,程序代码如下:

```
Private Sub Command1_Click()
Dim rs_chang As New ADODB.Recordset
Dim sql As String
If Trim(Text1.Text)<>Trim(Text2.Text)Then
    MsgBox"密码不一致!",vbOKOnly+vbExclamation,""
    Text1.SetFocus
    Text1.Text=""
    Text2.Text=""
Else
'userID 在模块中已定义
    sql="select*from UManage where u_name='"&userID&"'"
    rs_chang.Open sql,conn,adOpenKeyset,adLockPessimistic
    rs_chang.Fields(1)=Text1.Text
    rs_chang.Update
    rs_chang.Close
```

```
    MsgBox"密码修改成功",vbOKOnly+vbExclamation,""
    Unload Me
End If
End Sub
```

单击"**取消**"按钮,关闭"**修改密码**"窗体,其程序代码如下:

```
Private Sub Command2_Click()
Unload Me
End Sub
```

6. 设计"图书管理"窗体

(1) 单击"**图书管理 | 图书类别管理**",弹出如图 9-41 所示窗体,该窗体的各控件属性设置如表 9-14 所示。

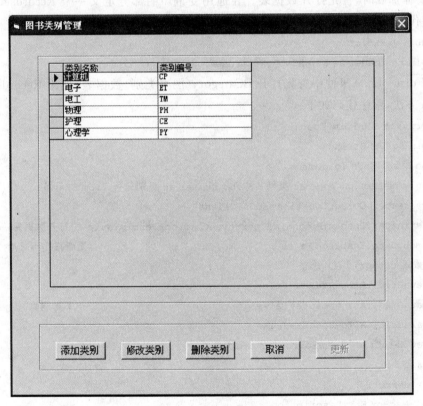

图 9-41 "图书类别管理"窗体

表 9-14 frmmodifybookstyle 窗体及其内各控件属性

控件类型	控件名称	属性名称	属性值
		Caption	图书类别管理
Form	frmmodifybookstyle	BorderStyle	1-Fixed Single
		StartUpPositon	2-屏幕中心

续表

控件类型	控件名称	属性名称	属性值
Frame	Frame 1	Caption	
Frame	Frame 2	Caption	
CommandButton	cmdadd	Caption	添加类别
CommandButton	cmdmodify	Caption	修改类别
CommandButton	cmddel	Caption	删除类别
CommandButton	cmdcancel	Caption	取消
CommandButton	cmdupdate	Caption	更新
DataGrid	DataGrid1		

在窗体加载时,首先打开数据表。在通用变量声明部分定义一个 Recordset 数据对象,程序代码如下。

```
Option Explicit
Dim rs_reader As New ADODB.Recordset
```

在 Form _Load 事件中首先打开 BCategory(图书类别)数据表,使用 Recordset 对象的 Open 方法,程序代码如下:

```
Private Sub Form_Load()
Dim sql As String
On Error GoTo loaderror
sql="select bc_name as 类别名称,bc_number as 类别编号 from BCategory"
rs_reader.CursorLocation=adUseClient
rs_reader.Open sql,conn,adOpenKeyset,adLockPessimistic    '打开数据库
cmdupdate.Enabled=False                                  '更新按钮不可用
'设定 datagrid 控件属性
DataGrid1.AllowAddNew=False                              '不可增加
DataGrid1.AllowDelete=False                              '不可删除
DataGrid1.AllowUpdate=False
Set DataGrid1.DataSource=rs_reader
Exit Sub
loaderror:
    MsgBox Err.Description
End Sub
```

提示:因为 BCategory(图书类别)数据表中字段名是英文,所以通过"字段名 as 汉字列标题"的方式指定显示相应汉字列标题。

单击"添加类别"按钮,弹出如图 9-42 所示的"添加图书类别"窗体,该窗体各控件属性设置如表 9-15 所示。

在"添加图书类别"窗体中,单击"确定"按钮,即可添加图书类别,其程序代码如下:

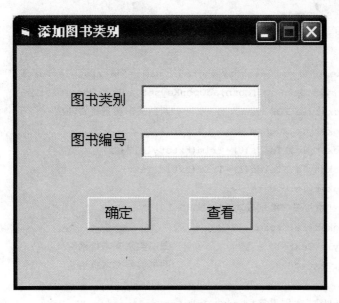

图 9-42 "添加图书类别"窗体

表 9-15 frmaddbookstyle 窗体及其内各控件属性

控件类型	控件名称	属性名称	属性值
Form	frmaddbookstyle	Caption	添加图书类别
		MaxButton	False
		StartUpPositon	2-屏幕中心
Label	Label1	Caption	图书类别
Label	Label2	Caption	图书编号
TextBox	txtstyle	Text	
TextBox	txtid	Text	
CommandButton	cmdok	Caption	确定
CommandButton	cmdback	Caption	查看

```
Option Explicit
Private Sub cmdok_Click()
Dim rs_bookstyle As New ADODB.Recordset
Dim sql As String
If Trim(txtstyle.Text)="" Then        '判断输入类别文本框是否为空
    MsgBox"图书种类不能为空",vbOKOnly+vbExclamation,""
    txtstyle.SetFocus
    Exit Sub
End If
If Trim(txtid.Text)="" Then           '判断输入编号文本框是否为空
    MsgBox"种类编号不能为空",vbOKOnly+vbExclamation,""
```

```
    txtid.SetFocus
    Exit Sub
End If
sql="select* from BCategory where bc_name='"&txtstyle.Text&"'"
rs_bookstyle.Open sql,conn,adOpenKeyset,adLockPessimistic
If rs_bookstyle.EOF Then              '判断图书类别是否冲突
    rs_bookstyle.AddNew
    rs_bookstyle.Fields(0)=Trim(txtstyle.Text)
    rs_bookstyle.Fields(1)=Trim(txtid.Text)
    rs_bookstyle.Update
    MsgBox"添加图书类别成功!",vbOKOnly,""
    rs_bookstyle.Close
    txtstyle.Text=""                  '图书类别文本框清空
    txtid.Text=""                     '图书编号文本框清空
Else
    MsgBox"图书类别重复!",vbOKOnly+vbExclamation,""
    txtstyle.SetFocus
    txtstyle.Text=""
    rs_bookstyle.Close
    Exit Sub
End If
End Sub
```

单击"查看"按钮,关闭"添加图书类别"窗体,打开"图书类别管理"窗体,其程序代码如下:

```
Private Sub cmdback_Click()
Unload Me
frmmodifybookstyle.Show
End Sub
```

在"图书类别管理"窗体中选中某一记录行,单击"修改类别"按钮,进行相应修改(若取消修改操作,单击"取消"按钮),然后单击"更新"按钮,显示改动后的结果。各按钮程序代码如下:

```
Private Sub cmdmodify_Click()        '"修改类别"按钮实现代码
Dim answer As String
On Error GoTo cmdmodify
cmddel.Enabled=False
cmdmodify.Enabled=False
cmdupdate.Enabled=True
cmdcancel.Enabled=True
DataGrid1.AllowUpdate=True
cmdmodify:
If Err.Number<>0 Then
```

```
    MsgBox Err.Description
  End If
  End Sub
  Private Sub cmdcancel_Click()          '"取消"按钮实现代码
    rs_reader.CancelUpdate
    DataGrid1.Refresh
    DataGrid1.AllowAddNew=False
    DataGrid1.AllowUpdate=False
    cmdmodify.Enabled=True
    cmddel.Enabled=True
    cmdcancel.Enabled=False
    cmdupdate.Enabled=False
  End Sub
  Private Sub cmdupdate_Click()          '"更新"按钮实现代码
  If Not IsNull(DataGrid1.Bookmark)Then
    rs_reader.Update
  End If
    cmdmodify.Enabled=True
    cmddel.Enabled=True
    cmdcancel.Enabled=False
    cmdupdate.Enabled=False
    DataGrid1.AllowUpdate=False
    MsgBox"修改成功!",vbOKOnly+vbExclamation,""
  End Sub
```

在"图书类别管理"窗体中选中某一记录行,单击"删除类别"按钮,弹出如图 9-43 所示的询问对话框,单击"是"按钮,即可删除所选行的记录。

其程序代码如下:

```
  Private Sub cmddel_Click()
  Dim answer As String
  On Error GoTo delerror
  answer=MsgBox("确定要删除吗?",vbYesNo,"")
  If answer=vbYes Then
    DataGrid1.AllowDelete=True
    rs_reader.Delete
    rs_reader.Update
    DataGrid1.Refresh
    MsgBox"成功删除!",vbOKOnly+vbExclamation,""
    DataGrid1.AllowDelete=False
  Else
    Exit Sub
```

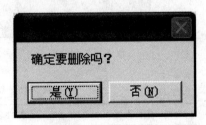

图 9-43　询问对话框

```
   End If
delerror:
If Err.Number<>0 Then
   MsgBox Err.Description
End If
End Sub
```

当窗体卸载的时候,将 DataGrid 控件的 DataSource 属性设置为 Nothing,同时关闭数据对象。

```
Private Sub Form_Unload(Cancel As Integer)
Set DataGrid1.DataSource=Nothing
rs_reader.Close
End Sub
```

（2）单击"图书管理|图书信息管理|信息查询",弹出如图 9-44 所示窗体,该窗体的各控件属性设置见表 9-16。

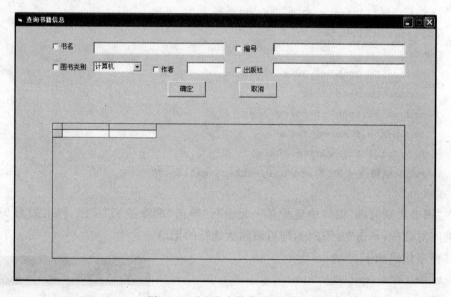

图 9-44 "查询书籍信息"窗体

表 9-16 frmfindbook 窗体及其内各控件属性

控件类型	控件名称	属性名称	属性值
Form	frmfindbook	Caption	查询书籍信息
		MaxButton	False
		StartUpPositon	2-屏幕中心
CheckBox	Check1	Caption	书名
CheckBox	Check2	Caption	图书类别
CheckBox	Check3	Caption	作者
CheckBox	Check4	Caption	出版社

控件类型	控件名称	属性名称	属性值
CheckBox	Check5	Caption	编号
TextBox	txtname	Text	
TextBox	txtid	Text	
TextBox	txtpress	Text	
CommandButton	cmdok	Caption	确定
CommandButton	cmdcancel	Caption	取消
DataGrid	DataGrid1		

该窗体装载时，定义一个 Recordset 对象用来打开 BCategory（图书类别）数据表，将所有可选的图书类别添加到列表框中。其程序代码如下：

```
Option Explicit
Private Sub Form_Load()
Dim rs_find As New ADODB.Recordset
Dim sql As String
sql="select* from BCategory"
rs_find.Open sql,conn,adOpenKeyset,adLockPessimistic
rs_find.MoveFirst
If Not rs_find.EOF Then
    Do While Not rs_find.EOF
        Combo1.AddItem rs_find.Fields(0)
        rs_find.MoveNext
    Loop
    Combo1.ListIndex=0
End If
rs_find.Close
End Sub
```

单击"确定"按钮，即可根据用户指定的查询方式进行查询，并将查询结果显示在 DataGrid1 表格中。其程序代码如下：

```
Private Sub cmdok_Click()
Dim rs_findbook As New ADODB.Recordset
Dim sql As String
If Check1.Value=vbChecked Then
    sql="b_name='"&Trim(txtname.Text&"")&"'"
End If
If Check2.Value=vbChecked Then
    If Trim(sql)="" Then
        sql="b_category='"&Trim(Combo1.Text&"")&"'"
    Else
        sql=sql&"and b_name='"&Trim(Combo1.Text&"")&"'"
```

```
            End If
        End If
        If Check3.Value=vbChecked Then
            If Trim(sql)="" Then
                sql="b_author='"&Trim(txtauthor.Text&"")&"'"
            Else
                sql=sql&"and  b_author='"&Trim(txtauthor.Text&"")&"'"
            End If
        End If
        If Check4.Value=vbChecked Then
            If Trim(sql)="" Then
                sql="b_press='"&Trim(txtpress.Text&"")&"'"
            Else
                sql=sql&"and  b_press='"&Trim(txtpress.Text&"")&"'"
            End If
        End If
        If Check5.Value=vbChecked Then
            If Trim(sql)="" Then
                sql="b_number='"&Trim(txtid.Text&"")&"'"
            Else
                sql=sql&"and  b_number='"&Trim(txtid.Text&"")&"'"
            End If
        End If
        If Trim(sql)="" Then
            MsgBox"请选择查询方式！",vbOKOnly+vbExclamation
            Exit Sub
        End If
    sql="select b_number as 书籍编号,b_name as 书名,b_category as 类别,b_author as 作
者,b_press as 出版社,b_pdate as 出版日期,b_rdate as 登记日期,b_isornot as 是否借出 from
BMessage where"&sql
        rs_findbook.CursorLocation=adUseClient
        rs_findbook.Open sql,conn,adOpenKeyset,adLockPessimistic
        DataGrid1.AllowAddNew=False
        DataGrid1.AllowDelete=False
        DataGrid1.AllowUpdate=False
        Set DataGrid1.DataSource=rs_findbook
        'rs_findbook.Close
        End Sub
```

单击"取消"按钮，关闭查询书籍信息窗体，程序代码如下：

```
        Private Sub cmdcancel_Click()
        Unload Me
        End Sub
```

（3）单击"图书管理|图书信息管理|信息管理"，弹出如图 9-45 所示窗体，该窗体的各控件属性设置如表 9-17 所示。

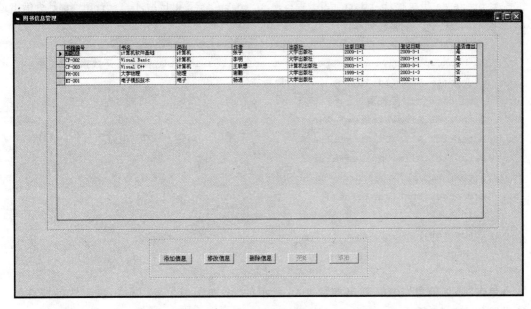

图 9-45 "图书信息管理"窗体

表 9-17 frmmodifybookinfo 窗体及其内各控件属性

控件类型	控件名称	属性名称	属性值
Form	frmmodifybookinfo	Caption	图书信息管理
		MaxButton	False
		StartUpPositon	2-屏幕中心
CommandButton	cmdadd	Caption	添加信息
CommandButton	cmdmodify	Caption	修改信息
CommandButton	cmddel	Caption	删除信息
CommandButton	cmdupdate	Caption	更新
CommandButton	cmdcancel	Caption	取消
DataGrid	DataGrid1		

在窗体加载时，首先打开数据表。在通用变量声明部分定义一个 Recordset 数据对象，程序代码如下：

```
Option Explicit
Dim rs_book As New ADODB.Recordset
```

在窗体装载事件中首先打开 BMessage（书籍信息）数据表，使用 Recordset 对象的 Open 方法，程序代码如下：

```
Private Sub Form_Load()
Dim sql As String
```

```
On Error GoTo loaderror
sql= "select b_number as 书籍编号,b_name as 书名,b_category as 类别,b_author as
作者,b_press as 出版社,b_pdate as 出版日期,b_rdate as 登记日期,b_isornot as 是否借出
from BMessage"    '设置行标题
    rs_book.CursorLocation=adUseClient
    rs_book.Open sql,conn,adOpenKeyset,adLockPessimistic    '打开数据库
    cmdupdate.Enabled=False          '更新按钮不可用
    '设定datagrid控件属性
    DataGrid1.AllowAddNew=False                      '不可增加
    DataGrid1.AllowDelete=False                       '不可删除
    DataGrid1.AllowUpdate=False
    Set DataGrid1.DataSource=rs_book
    cmdcancel.Enabled=False
    Exit Sub
loaderror:
    MsgBox Err.Description
End Sub
```

单击"添加信息"按钮,弹出如图9-46所示的"添加图书信息"窗体,该窗体各控件属性设置如表9-18所示。

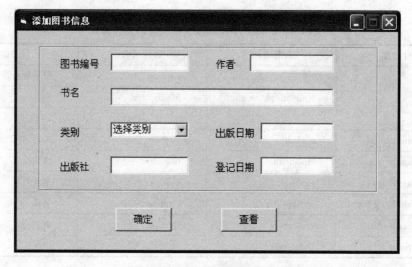

图9-46 "添加图书信息"窗体

表9-18 frmaddbookinfo窗体及其内各控件属性

控件类型	控件名称	属性名称	属性值
Form	frmaddbookinfo	Caption	添加图书信息
		MaxButton	False
		StartUpPositon	2-屏幕中心
Label	Label1	Caption	图书编号

控件类型	控件名称	属性名称	属性值
Label	Label2	Caption	书名
Label	Label3	Caption	类别
Label	Label4	Caption	作者
Label	Label5	Caption	出版社
Label	Label6	Caption	出版日期
Label	Label7	Caption	登记日期
TextBox	Text1	Text	
TextBox	Text2	Text	
TextBox	Text3	Text	
TextBox	Text4	Text	
TextBox	Text5	Text	
TextBox	Text6	Text	
ComBox	combo1	Text	选择类别
CommandButton	cmdok	Caption	确定
CommandButton	cmdback	Caption	查看

"添加图书信息"窗体在装载时,定义一个 Recordset 对象打开 BCategory(图书类别)数据表,将所有可选的图书类别添加到列表框中,使用 Recordset 对象的 MoveFirst 方法将数据记录移动到第一条,并使用循环语句将所有的图书类别添加到列表框中,程序代码如下:

```
Option Explicit
Private Sub Form_Load()
Dim rs_kind As New ADODB.Recordset
Dim sql As String
sql="select* from BCategory"
rs_kind.Open sql,conn,adOpenKeyset,adLockPessimistic
rs_kind.MoveFirst
Do While Not rs_kind.EOF
  Combo1.AddItem rs_kind.Fields(0)
    rs_kind.MoveNext
Loop
rs_kind.Close
End Sub
```

单击"确定"按钮,首先检查输入的图书类型、图书编号和书名是否为空,若为空给出相应提示,若相应项填写准确完整则按照用户的输入添加图书信息,程序代码如下:

```
Private Sub cmdok_Click()
Dim rs_addbook As New ADODB.Recordset
```

```
Dim sql As String
If Trim(Combo1.Text)="" Then
    MsgBox"请选择图书种类",vbOKOnly+vbExclamation,""
    Combo1.SetFocus
    Exit Sub
End If
If Trim(Text1.Text)="" Then
    MsgBox"图书编号不能为空",vbOKOnly+vbExclamation,""
    Text1.SetFocus
    Exit Sub
End If
If Trim(Text2.Text)="" Then
    MsgBox"书名不能为空",vbOKOnly+vbExclamation,""
    Text2.SetFocus
    Exit Sub
End If
If Not IsDate(Text5.Text)Then
    MsgBox"请按照 yyyy-mm-dd 格式输入日期",vbOKOnly+vbExclamation,""
    Text5.SetFocus
    Exit Sub
End If
If Not IsDate(Text6.Text)Then
    MsgBox"请按照 yyyy-mm-dd 格式输入日期",vbOKOnly+vbExclamation,""
    Text6.SetFocus
    Exit Sub
End If
sql="select* from BMessage where b_number='"&Text1.Text&"'"
rs_addbook.Open sql,conn,adOpenKeyset,adLockPessimistic
If rs_addbook.EOF Then              '判断图书编号是否冲突
    rs_addbook.AddNew
    rs_addbook.Fields(0)=Trim(Text1.Text)
    rs_addbook.Fields(1)=Trim(Text2.Text)
    rs_addbook.Fields(2)=Trim(Combo1.Text)
    rs_addbook.Fields(3)=Trim(Text3.Text)
    rs_addbook.Fields(4)=Trim(Text4.Text)
    rs_addbook.Fields(5)=Trim(Text5.Text)
    rs_addbook.Fields(6)=Trim(Text6.Text)
    rs_addbook.Fields(7)="否"
    rs_addbook.Update
    MsgBox"添加书籍信息成功!",vbOKOnly,""
```

```
    rs_addbook.Close
Else
    MsgBox"图书编号重复!",vbOKOnly+vbExclamation,""
    Text1.SetFocus
    Text1.Text=""
    rs_addbook.Close
    Exit Sub
End If
End Sub
```

单击"查看"按钮,关闭"添加图书信息"窗体,打开"图书信息管理"窗体,程序代码如下:

```
Private Sub cmdback_Click()
Unload Me
frmmodifybookinfo.Show
End Sub
```

在"图书信息管理"窗体中选中某一记录行,单击"修改信息"按钮,进行相应修改(若取消修改操作,单击"取消"按钮),然后单击"更新"按钮,显示改动后的结果。各按钮程序代码如下:

```
Private Sub cmdmodify_Click()          '"修改信息"按钮代码实现
Dim answer As String
On Error GoTo cmdmodify
cmddel.Enabled=False
cmdmodify.Enabled=False
cmdupdate.Enabled=True
cmdcancel.Enabled=True
DataGrid1.AllowUpdate=True
cmdmodify:
If Err.Number<>0 Then
    MsgBox Err.Description
End If
End Sub
Private Sub cmdcancel_Click()          '"取消"按钮代码实现
    rs_book.CancelUpdate
    DataGrid1.Refresh
    DataGrid1.AllowAddNew=False
    DataGrid1.AllowUpdate=False
    cmdmodify.Enabled=True
    cmddel.Enabled=True
    cmdcancel.Enabled=False
```

```
    cmdupdate.Enabled=False
End Sub
Private Sub cmdupdate_Click()        '"更新"按钮代码实现
If Not IsNull(DataGrid1.Bookmark)Then
    rs_book.Update
End If
    cmdmodify.Enabled=True
    cmddel.Enabled=True
    cmdcancel.Enabled=False
    cmdupdate.Enabled=False
    DataGrid1.AllowUpdate=False
    MsgBox"修改成功!",vbOKOnly+vbExclamation,""
End Sub
```

在"图书信息管理"窗体中选中某一记录行,单击"删除信息"按钮,弹出如图 9-47 所示的询问对话框,单击"是"按钮即可删除所选行的记录。

图 9-47　询问对话框

程序代码如下:

```
Private Sub cmddel_Click()
Dim answer As String
On Error GoTo delerror
answer=MsgBox("确定要删除吗?",vbYesNo,"")
If answer=vbYes Then
    DataGrid1.AllowDelete=True
    rs_book.Delete
    rs_book.Update
    DataGrid1.Refresh
    MsgBox"成功删除!",vbOKOnly+vbExclamation,""
    DataGrid1.AllowDelete=False
Else
    Exit Sub
End If
delerror:
If Err.Number<>0 Then
```

```
    MsgBox Err.Description
  End If
  End Sub
```

当窗体卸载的时候，将 DataGrid 控件的 DataSource 属性设置为 Nothing，同时关闭数据对象。

```
  Private Sub Form_Unload(Cancel As Integer)
  Set DataGrid1.DataSource=Nothing
  rs_book.Close
  End Sub
```

7. 设计"借阅管理"窗体

（1）单击"借阅管理|借书管理|添加借书信息"，弹出如图 9-48 所示窗体，该窗体的各控件属性设置见表 9-19。

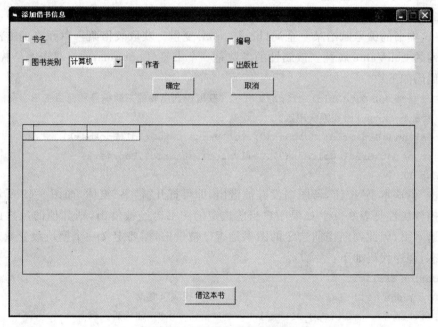

图 9-48　"添加借书信息"窗体

表 9-19　frmaddborrowbook 窗体及其内各控件属性

控件类型	控件名称	属性名称	属性值
Form	frmaddborrowbook	Caption	添加借书信息
		MaxButton	False
		StartUpPositon	2-屏幕中心
CheckBox	Check1	Caption	书名
CheckBox	Check2	Caption	图书类别
CheckBox	Check3	Caption	作者

续表

控件类型	控件名称	属性名称	属性值
CheckBox	Check4	Caption	出版社
CheckBox	Check5	Caption	编号
TextBox	txtname	Text	
TextBox	txtid	Text	
TextBox	txtpress	Text	
CommandButton	cmdok	Caption	确定
CommandButton	cmdcancel	Caption	取消
CommandButton	cmdborrow	Caption	借这本书
DataGrid	DataGrid1		

在该窗体中,首先查询图书信息(查询功能与实现和前面的"查询书籍信息"窗体相同,在此不再赘述),然后在列表中选择某一图书记录行,如果用户选择了某条书籍的信息,则将这本书的编号赋给某一全局(book_num)变量。获取表格某一单元格的方法是使用指定列的 CellValue 属性。该属性的参数是一个书签(Boobnmark)。双击表格控件,添加程序代码如下:

```
Private Sub DataGrid1_Click()         '获取所选书籍的书籍编号和是否借出字段的值
'变量 book_num 已在模块中定义
book_num=DataGrid1.Columns(0).CellValue(DataGrid1.Bookmark)
judge=DataGrid1.Columns(7).CellValue(DataGrid1.Bookmark)
End Sub
```

单击"借这本书"按钮,若图书没有被借出,即可打开"借书"窗体,如图 9-49 所示。该窗体各控件属性见表 9-20。如果用户当前选定的图书已经被借出,则其他的用户此时不可以借这本书,因此判断当前选定的图书是否已被借出,需要定义一个模块级变量来记录这一状态,程序代码如下:

```
Option Explicit
Dim judge As String                   '定义模块级变量
Private Sub cmdborrow_Click()         '"借这本书"按钮代码实现
If Trim(book_num)="" Then
    MsgBox"请选择要借阅的图书!",vbOKOnly+vbExclamation
    Exit Sub
End If
If judge="是" Then
    MsgBox"此书已被借出!",vbOKOnly+vbExclamation
    Exit Sub
End If
frmborrowbook.Show
Unload Me
End Sub
```

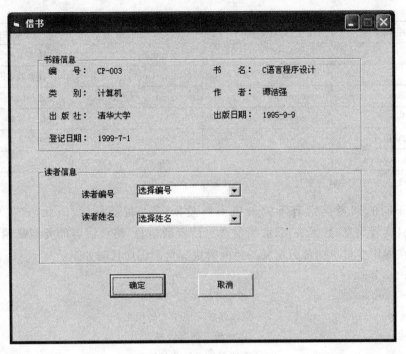

图 9-49 "借书"窗体

表 9-20 frmborrowbook 窗体及其内各控件属性

控件类型	控件名称	属性名称	属性值
Form	frmborrowbook	Caption	借书
		MaxButton	False
		StartUpPositon	2-屏幕中心
Label	Label1	Caption	编号：
Label	Label2	Caption	书名：
Label	Label3	Caption	类别：
Label	Label4	Caption	作者：
Label	Label5	Caption	出版社：
Label	Label6	Caption	出版日期：
Label	Label7	Caption	登记日期：
Label	Label8	Caption	
Label	Label9	Caption	
Label	Label10	Caption	
Label	Label11	Caption	（默认即可）
Label	Label12	Caption	
Label	Label13	Caption	
Label	Label14	Caption	

控件类型	控件名称	属性名称	属性值
Label	Label15	Caption	读者编号
Label	Label16	Caption	读者姓名
ComboBox	combo1	Text	选择编号
ComboBox	combo2	Text	选择姓名
CommandButton	cmdok	Caption	确定
CommandButton	cmdcancel	Caption	取消

注:控件 Label8—Label14 分别与 Label1—Label7 相呼应。

由于不同的读者类别有不同的借书数量限制和期限限制,因此,首先应该打开 RMessage(读者信息)数据表,获取当前选定读者的信息,将该读者的类型赋给一个字符串变量。在通用变量声明部分定义必要的模块变量。程序代码如下:

```
Option Explicit
Dim kind As String            '该读者的类别
Dim period As Integer         '该读者可以借书的期限
Dim num As Integer            '该读者已借书数量
Dim maxnum As Integer         '该读者借书数量的限制
```

"借书"窗体装载时,打开 BMessage(书籍信息)数据表,使用 where 限制查询条件查找与"添加图书信息"窗体选定的图书编号相同的图书,显示在"借书"窗体中,同时,本窗体还应加载读者信息。程序代码如下:

```
Private Sub Form_Load()
Dim rs_borrow As New ADODB.Recordset
Dim rs_reader As New ADODB.Recordset
Dim sql As String
sql="select* from BMessage where b_number='"&book_num&"'"
rs_borrow.Open sql,conn,adOpenKeyset,adLockPessimistic
'依次向窗体中添加图书信息
Label8.Caption=rs_borrow.Fields(0)
Label9.Caption=rs_borrow.Fields(1)
Label10.Caption=rs_borrow.Fields(2)
Label11.Caption=rs_borrow.Fields(3)
Label12.Caption=rs_borrow.Fields(4)
Label13.Caption=rs_borrow.Fields(5)
Label14.Caption=rs_borrow.Fields(6)
'将读者信息添加到下拉列表中
sql="select* from RMessage"
rs_reader.Open sql,conn,adOpenKeyset,adLockPessimistic
If Not rs_reader.EOF Then
```

```
    Do While Not rs_reader.EOF
        Combo1.AddItem rs_reader.Fields(1)
        Combo2.AddItem rs_reader.Fields(0)
        rs_reader.MoveNext
    Loop
Else
    MsgBox"请先登记读者!",vbOKOnly+vbExclamation
    Exit Sub
End If
rs_borrow.Close
rs_reader.Close
End Sub
```

为了避免出现读者编号与读者姓名不对应的错误,必须保证读者编号与读者姓名一一对应,即当选定某条读者编号时,读者姓名列表框显示相应的读者姓名,当选定某条读者姓名时,读者编号列表框显示相应的读者编号。程序代码如下:

```
Private Sub Combo1_Click()
Combo2.ListIndex=Combo1.ListIndex
End Sub
Private Sub Combo2_Click()
Combo1.ListIndex=Combo2.ListIndex
End Sub
```

选择读者编号或读者姓名后,单击"确定"按钮,若选定读者借书已满则借书失败,否则借书成功,并将该书的是否借出属性修改成"是"。程序代码如下:

```
Private Sub cmdok_Click()
Dim rs_borrowbook As New ADODB.Recordset
Dim sql As String
sql="select* from RMessage where r_number='"&Combo1.Text&"'"
rs_borrowbook.Open sql,conn,adOpenKeyset,adLockPessimistic
kind=rs_borrowbook.Fields(3)
num=rs_borrowbook.Fields(8)
rs_borrowbook.Close
sql="select* from RCategory where r_gategory='"&kind&"'"
rs_borrowbook.Open sql,conn,adOpenKeyset,adLockPessimistic
period=rs_borrowbook.Fields(2)
maxnum=rs_borrowbook.Fields(1)
rs_borrowbook.Close
'判断是否选择借书读者
If Combo1.Text="选择编号" Or Combo2.Text="选择姓名" Then
```

```
MsgBox"请选择读者编号和读者姓名！",vbOKOnly+vbExclamation
Exit Sub
End If
If num>=maxnum Then          '判断借书读者借书数量是否已满
    MsgBox"该读者借书数额已满！",vbOKOnly+vbExclamation
    Exit Sub
End If
sql="select* from LMessage"
rs_borrowbook.Open sql,conn,adOpenKeyset,adLockPessimistic
rs_borrowbook.AddNew
rs_borrowbook.Fields(1)=Combo1.Text
rs_borrowbook.Fields(2)=Combo2.Text
rs_borrowbook.Fields(3)=Label8.Caption
rs_borrowbook.Fields(4)=Label9.Caption
rs_borrowbook.Fields(5)=Date
rs_borrowbook.Fields(6)=DateAdd("Ww",period,Date)
rs_borrowbook.Update
rs_borrowbook.Close
'book_num 变量已在模块中定义
sql="select* from BMessage where b_number='"&book_num&"'"
rs_borrowbook.Open sql,conn,adOpenKeyset,adLockPessimistic
rs_borrowbook.Fields(7)="是"      '修改图书借出属性
rs_borrowbook.Update
rs_borrowbook.Close
sql="select* from RMessage where r_number='"&Combo1.Text&"'"
rs_borrowbook.Open sql,conn,adOpenKeyset,adLockPessimistic
rs_borrowbook.Fields(8)=rs_borrowbook.Fields(8)+1
rs_borrowbook.Update
rs_borrowbook.Close
MsgBox"本书借阅成功！",vbOKOnly+vbExclamation
Unload Me
End Sub
```

单击"取消"按钮，关闭"借书"窗体，程序代码如下：

```
Private Sub cmdcancel_Click()
Unload Me
End Sub
```

(2) 单击"借阅管理|借书管理|查询借书信息"，弹出如图 9-50 所示窗体，该窗体的各控件属性设置如表 9-21 所示。

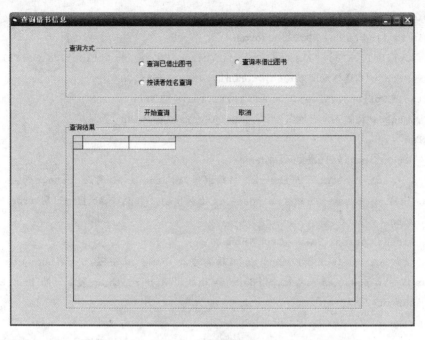

图 9-50 "查询借书信息"

表 9-21 frmfindborrowinfo 窗体及其内各控件属性

控件类型	控件名称	属性名称	属性值
Form	frmfindborrowinfo	Caption	查询借书信息
		MaxButton	False
		StartUpPositon	2-屏幕中心
OptionButton	Option1	Caption	查询已借出图书
OptionButton	Option2	Caption	查询未借出图书
OptionButton	Option3	Caption	按读者姓名查询
TextBox	Text1	Text	
Frame	Frame1	Caption	查询方式
Frame	Frame2	Caption	查询结果
CommandButton	cmdfind	Caption	开始查询
CommandButton	cmdcancel	Caption	取消
DataGrid	DataGrid1		

选择某种查询方式,单击"开始查询"按钮,即可按照指定的查询方式进行查询,并将查询结果显示在列表中。若没有选择查询方式,或者指定按读者姓名查询方式查询而未填写读者姓名时,给出相应的警告信息。程序代码如下(由于排版原因,长语句按规则转行,后同):

```
Option Explicit
Private Sub cmdfind_Click()
```

```
Dim sql As String
Dim rs_find As New ADODB.Recordset
If(Option1.Value=False And Option2.Value=False And Option3.Value=False)Then
    MsgBox"请选择查询方式!",vbOKOnly+vbExclamation
ElseIf Option3.Value=True And Text1.Text="" Then
    MsgBox"请输入读者姓名!",vbOKOnly+vbExclamation
Else
    If Option1.Value=True Then
        sql="select b_number as 书籍编号,b_name as 书名,b_category as 类别,b_
author as 作者,b_press as 出版社,b_pdate as 出版日期,b_rdate as 登记日期 from BMessage
where b_isornot='是'"
    ElseIf Option2.Value=True Then
        sql="select b_number as 书籍编号,b_name as 书名,b_category as 类别,b_
author as 作者,b_press as 出版社,b_pdate as 出版日期,b_rdate as 登记日期 from BMessage
where b_isornot='否'"
    Else
        sql="select l_number as 借阅编号,r_number as 读者编号,r_name as 读者姓名,
b_number as 书籍编号,b_name as 书籍名称,b_date as 出借日期 from LMessage where r_name=
'"&Text1.Text&"'"
    End If
    rs_find.CursorLocation=adUseClient
    rs_find.Open sql,conn,adOpenKeyset,adLockPessimistic
    DataGrid1.AllowAddNew=False
    DataGrid1.AllowDelete=False
    DataGrid1.AllowUpdate=False
    Set DataGrid1.DataSource=rs_find
End If
End Sub
```

单击"取消"按钮,关闭"查询借书信息"窗体,程序代码如下:

```
Private Sub cmdcancel_Click()
Unload Me
End Sub
```

（3）单击"借阅管理|还书管理|添加还书信息"，弹出如图 9-51 所示窗体，该窗体的各控件属性设置见表 9-22。

由于存在两种查询方式，为了确定并保存用户选择的查询方式，在通用变量声明部分需定义必要的模块变量。程序代码如下：

```
Option Explicit
Dim findform As Boolean
```

图 9-51 "还书"窗体

表 9-22 frmbackbookinfo 窗体及其内各控件属性

控件类型	控件名称	属性名称	属性值
Form	frmbackbookinfo	Caption	还书
		MaxButton	False
		StartUpPositon	2-屏幕中心
Frame	Frame1	Caption	按读者信息
Frame	Frame2	Caption	按书籍信息
Frame	Frame3	Caption	借阅信息
Frame	Frame4	Caption	
Label	Label1	Caption	读者编号
Label	Label2	Caption	读者姓名
Label	Label3	Caption	书籍编号
Label	Label4	Caption	图书名
ComboBox	Combo1	Text	选择读者编号
ComboBox	Combo2	Text	选择读者姓名
ComboBox	Combo3	Text	选择图书编号
ComboBox	Combo4	Text	选择图书名称

控件类型	控件名称	属性名称	属性值
CommandButton	comfind1	Caption	查询
CommandButton	comfind2	Caption	查询
CommandButton	comok	Caption	还书
CommandButton	comcancel	Caption	取消
DataGrid	DataGrid1		

窗体装载时,分别将 4 个列表框控件添加好选择项,即将读者编号和读者姓名、书籍编号和书籍名称添加到相应列表框中。程序代码如下:

```
Private Sub Form_Load()
Dim rs_reader As New ADODB.Recordset
Dim rs_book As New ADODB.Recordset
Dim sql As String
sql="select* from RMessage"
rs_reader.CursorLocation=adUseClient
rs_reader.Open sql,conn,adOpenKeyset,adLockPessimistic
If Not rs_reader.EOF Then
   Do While Not rs_reader.EOF
      Combo1.AddItem rs_reader.Fields(1)
      Combo2.AddItem rs_reader.Fields(0)
      rs_reader.MoveNext
   Loop
End If
rs_reader.Close
sql="select* from LMessage"
rs_book.CursorLocation=adUseClient
rs_book.Open sql,conn,adOpenKeyset,adLockPessimistic
If Not rs_book.EOF Then
   Do While Not rs_book.EOF
      Combo3.AddItem rs_book.Fields(3)
      Combo4.AddItem rs_book.Fields(4)
      rs_book.MoveNext
   Loop
End If
rs_book.Close
End Sub
```

为了避免了出现读者编号与读者姓名不对应,书籍编号与书籍名称不对应的错误,设置读者编号与读者姓名、书籍编号与书籍名称一一对应关系。程序代码如下:

```
Private Sub Combo1_Click()
Combo2.ListIndex=Combo1.ListIndex
```

```
        End Sub
        Private Sub Combo2_Click()
        Combo1.ListIndex=Combo2.ListIndex
        End Sub
        Private Sub Combo3_Click()
        Combo4.ListIndex=Combo3.ListIndex
        End Sub
        Private Sub Combo4_Click()
        Combo3.ListIndex=Combo4.ListIndex
        End Sub
```

在下拉列表中选择查询条件,单击相应的"查询"按钮,将查询的信息显示在列表中,程序代码如下:

```
        Private Sub cmdfind1_Click()          '按读者信息查询
        Dim rs_reader As New ADODB.Recordset
        Dim sql As String
        findform=True
        sql="select l_number as 借阅编号,r_number as 读者编号,r_name as 读者姓名,
b_number as 书籍编号,b_name as 书籍名称,b_date as 出借日期 from LMessage where r_name=
'"&Combo2.Text&"'"
        rs_reader.CursorLocation=adUseClient
        rs_reader.Open sql,conn,adOpenKeyset,adLockPessimistic
        Set DataGrid1.DataSource=rs_reader
        DataGrid1.AllowAddNew=False
        DataGrid1.AllowDelete=False
        DataGrid1.AllowUpdate=False
        End Sub
        Private Sub cmdfind2_Click()          '按书籍信息查询
        Dim rs_book As New ADODB.Recordset
        Dim sql As String
        findform=False
        sql="select l_number as 借阅编号,r_number as 读者编号,r_name as 读者姓名,
b_number as 书籍编号,b_name as 书籍名称,b_date as 出借日期 from LMessage where b_number
='"&Combo3.Text&"'"
        rs_book.CursorLocation=adUseClient
        rs_book.Open sql,conn,adOpenKeyset,adLockPessimistic
        Set DataGrid1.DataSource=rs_book
        DataGrid1.AllowAddNew=False
        DataGrid1.AllowDelete=False
        DataGrid1.AllowUpdate=False
        End Sub
```

在列表中选择某一记录行,单击"还书"按钮,首先提示是否确定还书,并获取当前图

书的编号和当前读者的编号,如果回答"是",则将这本书从 LMessage(借阅信息)表中删除,并将这本书的是否借出属性设置为"否",将借阅这本书的读者的已借书数量属性减1,然后刷新窗体。程序代码如下:

```
Private Sub cmdback_Click()
Dim reader_num As String
Dim answer As String
Dim rs_back As New ADODB.Recordset
Dim sql As String
On Error GoTo delerror
'book_num 变量已在模块中定义
book_num=DataGrid1.Columns(3).CellValue(DataGrid1.Bookmark)
reader_num=DataGrid1.Columns(1).CellValue(DataGrid1.Bookmark)
answer=MsgBox("确定要还这本书吗?",vbYesNo,"")
If answer=vbYes Then                '确定还书
    sql="select* from LMessage where b_number='"&book_num&"'"
    rs_back.CursorLocation=adUseClient
    rs_back.Open sql,conn,adOpenKeyset,adLockPessimistic
    rs_back.Delete
    rs_back.Update
    rs_back.Close
    sql="select* from BMessage where b_number='"&book_num&"'"
    rs_back.CursorLocation=adUseClient
    rs_back.Open sql,conn,adOpenKeyset,adLockPessimistic
    rs_back.Fields(7)="否"
    rs_back.Update
    rs_back.Close
    sql="select* from RMessage where r_number='"&reader_num&"'"
    rs_back.CursorLocation=adUseClient
    rs_back.Open sql,conn,adOpenKeyset,adLockPessimistic
    rs_back.Fields(8)=rs_back.Fields(8)-1
    rs_back.Update
    rs_back.Close
    '刷新窗体
    If findform=True Then
        cmdfind1_Click
    Else
        cmdfind2_Click
    End If
    MsgBox"还书成功!",vbOKOnly+vbExclamation,""
    DataGrid1.AllowDelete=False
Else                '不确定还书
```

```
    Exit Sub
End If
delerror:
If Err.Number<>0 Then
    MsgBox Err.Description
End If
End Sub
```

单击"取消"按钮,关闭"还书"窗体。程序代码如下:

```
Private Sub cmdcancel_Click()
Unload Me
End Sub
```

至此,"图书管理系统"的"用户管理"、"图书管理"、"借阅管理"功能完成。关于"读者管理"功能的实现,读者可以参照"图书管理"和"借阅管理"的实现过程,自己独立完成。

小　结

本章简单介绍了数据库应用系统的设计步骤,在此基础上,着重讲述了利用 VB 开发图书管理系统的详细设计过程,读者在学习本章过程中,应着重学习并掌握图书管理系统的实现步骤和方法。